想把余生的温柔都给你

林希美 著

台海出版社

图书在版编目（CIP）数据

想把余生的温柔都给你 / 林希美著. -- 北京 : 台海出版社，2018.10

ISBN 978-7-5168-2118-3

Ⅰ. ①想… Ⅱ. ①林… Ⅲ. ①人生哲学－通俗读物 Ⅳ. ① B821-49

中国版本图书馆CIP数据核字(2018)第213645号

想把余生的温柔都给你

著　　者：林希美

责任编辑：徐　玥　　　　装帧设计：末末美书

版式设计：末末美书　　　　责任印制：蔡　旭

出版发行：台海出版社

地　址：北京市东城区景山东街 20 号　邮政编码：100009

电　话：010 － 64041652（发行，邮购）

传　真：010 － 84045799（总编室）

网　址：www.taimeng.org.cn/thcbs/default.htm

E-mail：thcbs@126.com

经　销：全国各地新华书店

印　刷：天津中印联印务有限公司

本书如有破损、缺页、装订错误，请与本社联系调换

开　本：880mm×1230mm　　1/32

字　数：163 千字　　印　张：8.5

版　次：2018 年 10 月第 1 版　　印　次：2018 年 10 月第 1 次印刷

书　号：ISBN 978-7-5168-2118-3

定　价：45.00 元

自 序

想把余生的温柔都给你

不管你愿不愿意，独处的时代终究是来了。

佛在《佛说无量寿经》中说："人在世间，爱欲之中，独生独死，独去独来。"自古至今，没人能逃脱得了孤独的命运。生活中，即使有父母、家人、子女陪伴，人生中很多事，依然要独自一人去面对。

当生活越来越忙碌，伴侣、子女终究有无法顾及我们的时候，这时，不是我们选择独处，而是被迫孤独。孤独，不管多么寂寞难耐，仍然是我们无法逃避的人生话题。

有的人不愿意面对一个人，他们上网聊天，手机里存满亲人电话，逛街购物，用焦虑的方式应对着孤独；有的人深夜不愿回家，即使聚会散场，也要一人在 KTV 熬到天亮；还有的人投入到电子世界，试图在另一番天地中得到解脱……

事实上，当你不敢面对自己，不敢面对孤独，你最终会被孤独所侵蚀；当你敢于面对它，它才能与你玩儿得开心。

这并不是一本讲孤独的书，是一本与生活愉快玩耍的书。身处繁华都市，我们忙忙碌碌，又时常在人群中感到孤独，那颗寂寞的心无处安放，对生活的热情也变成了年年岁岁的重复。

当有一天，我带着生活的喜悦而来，告诉每一个人，生活其实可以丰富多彩、多种多样，是否有人愿意在生活里修行？

一个人的时候，喝茶、插花、打磨首饰，把余下的温柔岁月统统交给滋养自己的事物。而后，在这些事物中，学会安放自己，提升智慧，活成自己想要的样子。

一块玉石、一串玉珠、一颗钻石，不在于它是什么，而在于我们如何看待它。它们不该只被当作一个个普通的物件，它们还是悟道的入口。读物修心，观物观世界，把玩物件就等于找到了自己成长的方式。届时，物我两忘，物我相依，心物一元。

余生很长，长到有大把的时间交给手机浪费；余生很短，弹指一挥间，即是一辈子。与其把大把时光留给电子产品，不如把余生的时光交给物件，交给乐趣，交给自己，借物养心，养生活，这才是生活本来的样子。

在《浮生六记》中写道："芸喜曰：'他年当与君卜筑于此，买绕屋菜园十亩，课仆妪，植瓜蔬，以供薪水。君画我绣，以为诗酒之需。布衣菜饭，可乐终身，不必作远游计也。'"

布衣粗食，清贫窘迫，可是人间有真味。芸娘沈复这般朴素寻常的日子，谁说过得不是"琴棋书画诗酒花"的生活呢？

都说贫贱夫妻百事哀，都说当下的生活必须"快快快"，我们不反对生活中有"哀"，也不反对"快"，一句"知足常乐"也不能解决我们的人生问题。不过，只要你心有所安，那些问题总能轻松解决。

玩儿，是孩子的专属吗？并不是。大人也可以玩儿，关键看我们要怎么玩儿，如果能在玩儿中获得智慧，找到新的生活方式，谁说这不是一种收获呢？

海伦·罗兰说："一个有智慧的女人，会在她对男人所说的任何话语里加入一小粒的糖，而在男人对她说的任何话语里，剔除一小粒的盐。"

烟火红尘，就是加加减减的智慧，重要的是火候的掌握。我想，在物件里，在玩儿的时候，这些智慧，都能滋养出来。

一花一草一世界，都是归宿。

目 录

茶：都市里的人间至味

花：香了空间，芬芳了自己

香：繁忙都市，悟入香妙，当自得之

器物：一种静默的人生态度

首饰：滋养自己的，才是最好的

把玩小件：它包浆了，我就长大了

茶：都市里的人间至味

请让我与时光一起变老

每天午后，总会喝一杯消食茶。都说普洱熟茶解腻，我也便跟着喝起来。

其实，我更喜欢老生茶，可无奈手中存货不够老，最久的茶也不过七八年，喝这茶虽说有了老味，可到底不如十年以上的茶醇滑。

每次喝茶前总会感叹，自己没有太早与茶结缘，不然现在也能泡一杯老生茶了。不是新茶不够好，是喝了太久的茶，总要想办法呵护一下自己的胃。

茶友听完我的感叹，跟我说："买一饼十年以上的老茶吧，也不错，我喝的就是买来的老茶。"

友人的老茶，我不是没喝过，汤色倒是红润，可这茶里总透着一股湿漉漉的仓味，这味道就像走进了一间发霉的屋子，那味儿我不喜欢，于是，远离了市面上贩卖的老茶，专心等自己的茶变老。

友人说我有洁癖，还劝我看开点儿，他用大数据告诉我，有许许多多的茶人在喝这些茶。可是我也用数据告诉他，许多茶人还在存茶。

他听完摇了摇头，说："十多年，我等不及。"一句"等不及"，让我想到了自己的二十岁。

十多年前，我还是一个刚刚步入社会的少女，我对世界抱有新鲜感，渴望做出一番大事业。我苦学营销、管理，在市场中不断打磨训练。一两年后，我便觉得自己怀才不遇，世界待我不公，为什么我的才华无人挖掘？

带着情绪，我脱离了商圈，虽然那时已小有成绩，却还是渴望开辟另一片天空。然后，我凭借着自己的爱好，入了写作这行当。

都说，一入豪门深似海，其实写作也是如此。一脚踏进来，才发现上了贼船。与其他行业不同的是，那些好歹是正经工作，而写作是什么，宛如明清末年的纨绔子弟。

说白了，就是不务正业。你想出名？你想当作家？你想发表文章？

别闹了，你是谁啊！写作就是一个虚无缥缈的东西，你我凡人不可做的事。

我爱赌气，说什么也要靠写作吃饭。于是，就有了今天与字为伍的生活。

起初写作那几年，只有付出，几乎没有回报，若不是靠着自己心中那份信念，我想坚持不到今天。

我也等不及，渴望发表，渴望出书……可是，等不来怎么办？只能低头继续前行，别无其他选择，放弃就等于承认自己无能。

如今，写作七八年才知道，原来一切事物没什么不同，都需要花大量时间付出，在多年后才能见到收获。

假如，我当年在商圈坚持下来，说不定也别有一番天地，可我终究是放弃了。

我的坚持在今天变成了一碗鸡汤。总有陌生的写作爱好者来问我，到底该如何平衡写作，如何坚持写下去？

我的回答是，认真试写几年，总会有回报。这时，他们纷纷说，“我等不及”。那种心情我是懂的，可是时间不够，说什么也没用，除非天赋异禀，非同常人，否则就只能咬牙坚持。

十年前，你也有自己的计划吧，赚第一桶金；有一套自己的小房子；成为成功的商人，抑或是岁月静好，喝茶赏花。

但是，我们终究没有实现自己的理想，因为总觉得未来太远，我们总是等不及。

一两年，可以让你多少深入地了解某个行业；三五年，能让你渗透一个行业；七八年或许才能找到自己的人生方向……

假如，你十年前努力了，今天一定会变得不一样；假如，你今天也能存一饼茶，十年后总能与上好的茶汤相遇。

从今天开始付出，未来总有美好的生活等着你。如果现在不愿意，十年后与今天也没什么不同。

那天翻看一本书，这位作家写道：我与文字的情缘，算来已有二十余载，而你们和我字里相逢，亦有十年之久。

看吧，任何一个人成功，都不是这么简单的。就像喝茶，任何一饼茶，只有与它一起变老才更有味道。许多事，非时间不可。而那些加速变老的茶，是如何也品不出好滋味的。

今天，身边人羡慕我终于在熬了七八年后获得了自由，我想多年后，身边人还会羡慕我十多年前存了不少新茶吧。

可是，别人只会看到我收获的喜悦，却不知道我的“等得及”。其实，我并没有等待，一直都在收获。多了一日光阴，茶就多了些微的变化；每日多写一个字，就多一份积累，这每一日的细微变化，让生活变得有意思，都是满满的收获。

当然，也让生活变得越来越厚实了，就像十年后开封的茶，这一日日的时光全在里面，不丰厚也难了。

去山涧清流的小溪边煮茶插花，过一把古人的瘾

因为爱喝茶，所以经常搜索关于茶的内容和图片，然后就搜到了一个姑娘拍的图，确切地说，是一个画家去度假时拍下来的照片。

那是去年盛夏，她去了多伦多，行李箱里装了二三十本书，还有随身携带的画具，包包里放着线香、迷你插花瓶、小紫砂壶，还有一小包岩茶。

炎炎盛夏，她去了公园，把遮阳的纱巾铺到地上，随意地摆弄起包里的“玩具”来。迷你插花瓶里插上了一路采来的野花，银盘里放了商店买来的水果，点上香，然后就支起炉子烧水泡茶。

那张照片，拍的正是她喝茶的时候，树叶随风轻轻摇曳着定格，

她端着茶杯眯着眼微笑，旁边的小炉子咕嘟地煮着茶，透过照片，那股暖风已吹到了大洋彼岸，似乎能闻到她杯子里的茶香。

看着照片都醉了，真令人羡慕啊！

照片下面有粉丝评论：出去玩，背着这些东西走一天，多累啊！

她回复道：游客匆忙赶路确实累，而我眼里的风景，是喝茶的背景。

一句话，说出了爱茶人的心声。

爱喝茶的人，大多是“矫情”的，不然也不会拍出那么多唯美的照片。有人在河边喝茶，有人在雪地里喝茶，有人在家里的茶室喝茶……

喝的是茶，品的是任何环境下的一份安然心境。

其实，相比古人，当下人喝茶简单多了。记得某个深夜翻看《长物志》，文震亨就提到，喝茶最好有专门的茶室，或者有一座亭子，不远的偏房，有茶童煮茶，饮茶人最好三两知己，如果再有一张古琴奏出天籁之音，那更加绝妙。

古人不仅注重喝茶的形式，还注重喝茶的人。如果对面坐的不是知己，这茶也少了滋味。

这是一种什么样的感觉呢？如果你看过《亲爱的客栈》，解释起来就容易多了。在《亲爱的客栈》里，陈翔与纪凌尘可谓是知己，无论老季有什么样的心事，都会与陈翔说。不仅如此，两个人你教我唱歌，我教你走模特步，镜头拍到的地方，两个人一定在一起。

陈翔弹吉他，老纪就和声……

假如他们爱茶，一个眼神就懂了吧！

现代人动不动就会焦虑老了怎么办，也一直有人问我，老了会不会找几个要好的朋友做邻居，你帮助我，我帮助你。

我想了想说，当然要有邻居，可这邻居宁缺毋滥，至少也要像老纪与陈翔一样。我的邻居必须是画家、音乐家、诗人、模特、调酒师、作家……

只有这样，聚到一起才更有意味儿，每日的谈资才不乏味，喝茶也变得有了情趣。如果我们愿意，彼此还可以充当票友，学一学对方的技艺，日日新鲜，日日是好日。

但如果我的邻居与今天的普通朋友没什么不同，那老了的话题必定是孙子孙女、儿子女婿、高血压冠心病……

现在想想都头大，更别提老了。因此，我一下子就明白了文震亨所指的“知己”两字。这不是喝茶，这是在试朋友，友比茶重要。可反过来，不爱茶，不能坐下来静心交流，也难成知己。

普通的周末，我也会泡上茶等朋友，等那个老了可以做邻居的朋友，一直在寻啊寻，找啊找，我想时间一定能让我找到他。

我一直以为，坐在家里等，就能等来那个人。可是看到美女画家的照片时，我发现我错了，你只有把自己的趣味展现出来，才能遇到彼此吸引的人。

原来，那古人去亭子里喝茶，去山涧喝茶，不仅是为了把环境溶到茶里，更多的是渴望在山涧遇到知己啊！

去某个地方旅行，在火车上也遇到过讲究人，他用一套旅行装茶具泡茶，低头读着一本书，生活精致的样子，已然让我把他认定为知己。虽然，我并没有与他打招呼，那是因为我不想破坏他的下午时光。

知己也包括了彼此欣赏，静静地不说一句话，就好。他抬起头，看到我从书里瞄他，向我点头微笑了一下，那短暂的眼神交流，什么都不用再说了。

这种感觉真好！

这个深冬，又干又冷，假如，来一场大雪，我也会提着小火炉，去郊外烧一壶茶吧。虽然，错过了冬季，但我知道，春天马上就要来了。在那个春暖花开的季节里，一定要去田野里采些鲜花，再来到山涧的小溪边，插花，静静地煮茶。

假如，有桃花、梨花、杏花，抑或其他花落到杯中，也是极好的。我一定会带着花瓣喝下，这甜香的花朵，才是春天的气息啊！

我的春天快要来了，可知己在哪里呢？

让每一天都过得“实在慢”

星云大师说：“‘日日是好日’，每一天都须过得实在。”

提到“实在”一词，我实在困惑。不知道每日花花草草的生活算不算实在；不知道加班熬夜的生活算不算实在；更不知道，那些一直在路上的人的生活算不算实在……

可能都是实在的，也可能都是不实在的。

我朋友圈里，有一个以摆弄花草、喝茶抄经为生的女人。她生活在小镇，有自己的院子，有自己的生意。早期，她与先生打理生意，走向正轨后，她退居二线，过起了滋养自己的生活。

她的生活是美的。院子里种满了花花草草，她在树下读书、荡秋千，把院子里的花采来做清供，喝茶抄经。

人人羡慕她的生活，觉得她的日子美极了。

她说："我的生活实在又美好。人生不必常常拿起，重要的是放下。"

佛经读多了，难免嘴里爱提"放下"一词。而她当下的生活，不问世事，不食烟火，可见是真的放下了。

她自己放下了不算，有时，还会劝解身边的人，劝他们也放下。那些忙碌的人，她觉得没有灵魂；那些爱玩手机的人，她觉得不够有格调；那些居家带孩子的女人，她觉得不够有气质……

有一天，我在朋友圈里看到了另一位朋友的留言：我看都是闲的。

一句刺耳的话，她沉默了，从此再也不在朋友圈里晒生活了，更不再劝解他人放下了。

而我这位朋友的生活又是怎样的呢？

他是公司运营部的主管，每天忙得不可开交，有时半夜还在想创意，周末还在跟甲方喝酒。他没有房子，没有结婚，一心想在大城市扎根，为了这一切，他只能拼命。

我知道他忙，时常劝他静下心来喝杯茶。

他说："我也想，可我真的忙到没时间。"

我一时无语，不知该怎样回答。这个世界上，最难的一件事，就是改变他人，如若容易，孔圣人早就把我们改变了。

圣人做不到的事，我等凡人更是不会妄想，我有自知之明。

最开始，我也体验过忙碌的生活。每天写两篇文章、读一本书、读完当天的新闻……坚持一个月后，脊椎都变形了。

无意中，我看到一个讲座，主题是：慢生活。

主讲人教大家如何慢，怎样慢。比如，静静地欣赏一朵花；细细地品一杯茶；慢慢地读一本书……

这样的生活，对于忙碌了许久的我，真是一剂良药，我突然发现我确实需要过慢生活了。

从那之后，我开始喝茶，每隔三天去花市买花，后来还学会了做香、养壶、刺绣……

我把时间过得很慢，文字也开始“小火慢煮”。原以为我的日子会越来越好，谁知，却出现了财政危机。

有多少努力，就有多少回报。当日子慢下来，有时收入就无法得到保证。慢了一段时间后，我又过起了忙碌的生活。

在许多人眼中，慢生活一定是有钱人的生活，他们无须解决生活压力，一切可以随心所欲，像我那位爱讲“放下”的朋友。而大多数人，则会像我的主管朋友一样，为了生活不停地奔波，慢一点儿就害怕自己被超越。

我时常想，有没有一种平衡，让忙碌的人能小憩片刻，让那些“厌世者”能有责任、有担当，为自己的家庭和身边的人，做出一些有意义的事。

我一直在寻找答案，并且寻找了多年。直到有一天，我看一位水墨画家的直播，她讲到了书法。她说：“最高境界的书法是，老树着新芽。中国的文化讲究平衡，无论老树，还是新芽都不够美，都太过了。老树太枯，新芽太嫩。但多年的老树长了新芽就不一样了。那枯树里有生命啊！”

一时间，我豁然开朗。放下便是老树，忙碌便是新芽，无论怎样都没有达到最好的平衡。放下的人，如果能像星云大师一样，一边自己修行（放下），一边为了度众生而担起责任，那不就是最好的平衡吗？

而我的朋友，能在一味的忙碌中，给自己短暂的小时光，喝一杯茶，不就等于在新芽里，找到了一点枯枝的味道吗？

这大概就是“实在”的生活了。

在我看来，那一点点的不过分，就像是太极白中的黑点，黑中的白点，有了这一点儿，也就有了最好的平衡。

我想，这也是为什么古人把“柴米油盐酱醋茶”作为生活的开门七件事了。前面是忙碌的生活，最后那一杯茶才是生活里的重点。

你看，古人就是这样有智慧，比我们高明多了。

可是，现在有多少人，愿意抽出那一点时间给茶呢？

生活有了茶香，便不再羡慕诗和远方

一年四季，最喜欢春天，因为春暖花开时节，人也忙起来了。忙着工作，忙着赏花，忙着喝茶……

立春那天，我在朋友圈里写道：期待春天了。我要好好写作，等连翘、玉兰、桃花、梨花盛开的时候，好好去赏花。

简单的一句话，却引发了朋友的感慨：你让我看到了，生活不止眼前的苟且，真的有诗和远方。

诗和远方？不是早就过时了吗？没想到还有人提及。不过，看朋友们的回复，明显能感觉到生活的焦虑，好像诗和远方离自己很遥远。

我想了想回他：生活的每一天，就是最好的诗和远方。

我不是没有收到过倾诉，朋友小张想辞去工作做自己喜欢的事，可又怕养不活自己；小李不想做全职妈妈，又怕找不到心仪的工作；小乔想学茶艺，又怕身边人觉得无用，得不到家人的支持……

每个人都把焦点放到了未来，以为自己当下满足了未来，就等于过上了诗和远方的生活。当他们问我怎么办时，我一般都会回答说：“坐下来好好喝杯茶吧，先静静心就想清楚了。”

朋友们听完有点儿气：“说正事。”

我不得不给他们讲一讲自己的故事。

许多年前，我最大的理想就是全职写作，这就是我的诗和远方，我为此付出了巨大的努力。当我过上这样的生活时，我的诗和远方又变成了出一本书。当我成功出版一本书时，又变成了将文章质量写得更好……

我为了诗和远方在努力，我一直觉得诗和远方在未来，直到有一天我抱着自己出版的书躺在床上，高兴了半个小时后，发现自己很快就不那么兴奋了。原来，实现目标的兴奋时长，还不如喝一杯茶的时长长。

喝一泡普洱，至少能快乐整个下午，而出版一本书，却只能开心半个小时。得到这个答案，我很沮丧。

从那时起，一旦我定下目标后，虽然会为了目标而努力，但我会变得更加珍惜当下。只有把每一天的生活过好了，才是最好的“未来”。

人一生都离不开鸡零狗碎的事，工作、意外……因此，每一天都该给自己一段小时光，让自己彻底放松下来。

喝一杯茶吧，没有比喝茶更好的了，因为一杯清香入口，你全身的毛孔都放松了。

你可以细细地品味一杯香茗，入禅静心；也可以边与家人看电视边喝茶享受闲暇时光；当然还可以边读书边喝茶，度过一段文艺青年的小资时光……

为什么一定要选茶？因为它离我们的生活最近，就像我们每天都要喝水，那为什么不让生活中最平常的事变得有滋味儿呢？

简简单单，日子就美好了。

也有朋友说，我不喜欢喝茶，别把你的爱好变成我的爱好。

每个人身边，都有不爱喝茶的朋友，这没什么。不过，你会发现，那些不爱喝茶的人，总是问题多于答案，而爱喝茶的人，总能在小时光中，把生活中的焦虑释放掉。都说，一醉解千愁，其实，茶也能解愁。

在很多人看来，我做着一份喜欢的工作，出书有一点小成就，写作又让我变得自由，生活实在不该有什么焦虑的事。就像我们羡慕的成功者，认为他们已经成为人生赢家，遇到了问题，也该幸福大于困惑。

就算幸福大于困惑，但到底是会焦虑的。每次遇到这种情况，我也会没心情喝茶，不想写东西，很想把自己关起来。不过，我也会劝自己，喝杯茶冷静下吧，遇事就去解决，而不是让无用的焦虑消耗情绪。

那时，茶变成了一个动力源，它在提醒着我，我必须重新振作起来，否则一切只会更坏。因为无论你逃避还是面对，生活都要继续下去。与其如此，不如选择面对。

喝杯茶吧，至少给自己一段抽离焦虑的时光。多好，有了茶，就等于有了一个栖身的地方，这才是最好的“解药”。假如，我去喝酒，怕是越喝越愁吧。

如果茶离你很远，就会像我的朋友一样，把春天去赏花看得很遥远。可是，这春花不是年年开吗？无论你愿不愿意看，它都在你身边。

路边、小区里、田野里……可见，诗和远方不在未来，就在当下，只看你自己是否有一颗诗人的心。否则，即使花开遍野，也依然在过着苟且的生活。

你要做的，不是羡慕别人的生活，而是要学会“偷心”，偷一颗诗人的心。这样，一杯茶的清香，就已经是诗和远方了。

停留是刹那，转身一杯茶

许多年前，看到过一句话：在爱情里，女人一定要做那个先转身的人。

可是，在爱情里，女人最难做到的，便是转身。其实不然，只要一切想抓住的，我们都舍不得放手，无论男女。

过年时，与友人相聚。他在三年前信了佛，每日行一善、吃素、布施、建庙、放生……只要一切能做的，他都做。

有些人不信宗教，劝他不要再四处撒钱，做这些毫无意义、费钱又费精力的事。可是，他却说，我自从照着《了凡四训》做了，结果真的发生了改变。

“你看，我比之前更有钱了，身体也更健康了。”友人说。

他继续说：“我为了发愿赚钱，做了这么多事，当然换了更多的金钱回来。”

如今，他开着宝马 X5，年收入从之前的六位数变成了八位数，他认为这些是他布施所得。

席间，友人劝我，让我也照做试试，看看生活到底能否发生改变。我听完，问了他一个问题：“你信佛为了什么？”

他想了想说：“为了让自己的愿望得以实现。”

“也就是说，并不是什么参禅悟道喽！”我说。

朋友不再说话。半晌他说：“那些不重要，我对佛法的理解，与你不同。”

不得不说，友人在金钱面前，无论学习多少佛法，都无法做到转身。继而，永远找不到真实的自己。

什么是真实的自己？就是能好好地坐下来，喝一杯茶的自己。

年前，一位年长的亲人去世。她在十几年前，被查出癌症晚期，当时，医生让家人做好一切准备，她很可能随时离去。

家人严肃的脸，让她察觉自己的病情可能很严重。当她得知自己是癌症时，她反而笑了。她说："我怎么可能得癌症呢，我这病不是癌症。"

看她心态不错，加上为她做化疗，病情总算得到控制。就这样，不时化疗，终日吃药，她竟然活了十多年。

很多人说，这是一个奇迹。直到她将要离世时，她才相信自己真的得了癌症。

儿女们哭成一团，为她做最后的挣扎。我们打电话时，她的女儿说："你们放心，只要我妈还有一口气，我愿意尽最大的努力。"

其实，当她相信自己得了癌症那一刻，就已经放弃了这个被病魔缠身的躯体，精神的消亡，让她瞬间倒下。只是她的儿女不知，依然要为这身肉体做最后的挣扎。

在父母面前，儿女到底放不下的是什么呢？真的是这一副躯体吗？

她下葬那天，她的女儿久久不愿离去，因为一转身便是天人永隔，这是无论流多少眼泪，都无法改变的事实。

可是，放不下又怎样，人到底不能起死回生。

两年前，我读过一本书，上面写道：我们地上一年，天上的神仙便是一天；在神仙的上面，还有一层境界，我们人类一千年，便是他们的一天。

对于更高境界的神仙来讲，我们一生数百年，不过是弹指一挥间。生命即是如此，更何况我们一生中遇到的坎坷呢？

人只有境界更高，才能把一切事物看淡。

当下，人人都在谈认知，好像读更多的书，就能提升自己的认知。其实，读再多的书，如果在遇到问题时，仍然不能超脱，那便谈不上认知的提升。

一定要给认知下一个定义，便是遇到任何坎坷，都能静下心来，喝一杯茶。

一个演员，当他走向摄像机前，便知这是戏中人生，离开摄像机便是真实生活。而我们人呢？我们一生都在戏中，并没有找到最真实的自己。

佛说，如如平等，如如不动。那个“如如”是什么？“平等不动”的又是什么？

了悟这些，生活里的鸡毛蒜皮还算什么？一切境遇，放到时间的长河中，无非都是刹那间的事，因此，学会转身，比什么都重要。

而一杯茶，正巧带着禅意而来，喝的是茶，品的却是心境。那份淡定与从容，本身已经证明了自身的境界。

佛说：一切皆苦，因此讲放下。于是，许多人努力放下，什么都放下了，好的坏的。

可是我想说，如果真正能理解佛所说的话，便知，放下的是苦，获得的则是喜乐。

就像转身放下不舍与痛苦，才能有心情端起一杯茶。

这个过程，才是真正的修行。

我载着一泡香茗款款而来，只是不急

每次与朋友聚会，席间如果有陌生人，很容易被问到做什么职业的。这时，我会从包包里拿出出门前准备好的茶，边招呼服务员拿白开水边说：“我是一个卖字为生的人。”

陌生朋友一脸诧异，但看到我手里的茶，便会说上一句：“文人果然跟我们普通人不同，出来吃饭都自备茶。”

有时，还会遇到调侃我的人：“怎么，有没有带上茶具呀？”

我笑而不语，不解释，不作回应，静等服务员将白开水送来。

谁说，茶是文人的爱好，身边有许多的茶友，他们并非文人。他们有的是胸外科大夫，有的是工程项目管理人员，有的是老师……

大家虽然职业不同，但唯一的共同点是，无论去朋友家串门儿，还是去饭店吃饭，总要自己带着茶去。

喝茶的人，嘴很刁，喝不惯饭店的劣质茶。

对于爱喝茶的人来说，最喜欢与茶友相聚。因为每位茶友聚会，都会带着自己最近淘到的好茶前来。或斗茶，或品茶，或鉴茶……

与茶相聚，总能让人忘记生活中的鸡零狗碎，给自己一段最放松的好时光。

我的包包里经常放着茶，无论走到哪里都带着。这些茶是我让商家特意制作的龙珠、小方砖，有时也会刻意买一些龙珠或小方砖，不为别的，只为随身带着，静下来时就打开它，投到一汪水里。

有了茶，等人也变得不同了。

有一次，先生去某家公司谈事，我在楼下的咖啡厅等他。我要了一份点心，要了一壶白开水，水与茶相遇，整个下午都属于我的了。

与咖啡不同，茶可以喝完一泡又一泡，只要你愿意，你可以静静地泡上两三个小时，愉快地度过整个下午。

我将这段好时光拍成照片发到朋友圈时，收到了这样的回复：你们自由职业就是不一样，日子永远都这么美好，如果我也能写作为生就好了。

自从我全职写作以后，身边有很多爱写作的朋友都来讨教经验，问我到底如何才能过上自己想要的生活。

人人都有自己想要的生活，可现实是残酷的，不少人永远觉得，等我有钱了就可以了。

“等我有钱了”，是把自己抵制在“理想生活”门前的借口。因为“没钱”，人人都无法打开这扇大门。最多，趴在窗口朝里望，看到里面的人衣着光鲜、生活自在、安静美好便羡慕起来，但就是没有勇气走进去。

这也很像那些爱茶却不肯买茶的人。许多人遇到好茶舍不得买，总在说“等我有钱了，我一定要买好茶”，可是，有些人一生也没有等来“有钱”，却错过了好茶。

我爱买茶，喜欢的一定要买。如果喜欢的茶自己负担不起，也会买上一二两当作生活的调节剂。心情不好时，喝一款最好喝的茶，心情一下子就开朗了；写不下去时，喝一款最贵的茶，一下子就有动力了。

如何才能过上自己想要的生活呢？我的答案是：没有以后，人只有当下。如果现在无法过上自己想要的生活，将来也不会。

这与金钱无关，与心境有关。许多人有了很多钱，依然没有把生活过成自己想要的样子。然而，那些并不富裕的人，只要他们想，已经把日子过成了诗。

有一次，读国学大师南怀瑾的书，我看到过这样一个故事：

南师是一个乐于助人的人，只要有人跟他借钱，他几乎都会伸出援手。有时，一些从未相识的人，只要对方开口，他也会将钱送到对方手中。

南师的学生说："老师，您这样不对。你看，来的人您都不认识，这笔钱注定不会还回来了，他就是一个大骗子，您为什么要借呢？"

南师说："骗子也不容易，还要编借口，还要卖可怜，若不是真遇到了困境，也不会做这样的事吧。"

许多人都以为，善良的南师永远不会拒绝别人，永远都有一颗仁爱之心。谁知，面对盗版这件事，南师却认真起来。

南师出过许多书，他的书广受欢迎，盗版猖獗。对于那些制造盗版的人，他说什么也要为自己讨回公道。

这时，学生又说了："老师，您不是一向善良吗，为什么无法原谅制造盗版的人呢？这与骗子没什么区别啊！"

南师说："有区别。别人身处困境，虽然钱不一定还回来，但是我们应该去帮助他。而制造盗版的人却不一样，这是在造业啊！我拿起法律的武器抵制他造业，这是在救他。"

读完这个故事以后，我豁然开朗，原来真正的仁爱之心，并非一味地软弱顺从，而是永远为对方好。

可是这种好，不是谁都能明白，也不是谁都能理解，但重要的是，你去做。

明白这个道理以后，我包包里的茶更多了，我希望与我相遇的人能够明白，其实过上自己想要的生活并不难，一杯茶就够了。

它能让你静心，能让你思考，能告诉你，原来时间还可以这样消逝。茶是理想生活的一种方式，是走向理想生活的一个引子，重要的是你能感受到这段时光是美好的。

我知道，想让身边的人每天都拥有这样一段时光很难，但是我会去做。我会带着茶款款而来，与朋友相处一段安静时光，直到他把这段时光变成习惯。

养成一个习惯很慢，只是我不急。

赠你月光，赠你一段清香时光

中国自古以来就有礼尚往来的习俗。而春节，更少不了走亲戚、会朋友。每到年终，我习惯买一些茶带回老家，不管送亲戚朋友，还是自己喝，都是不错的选择。

当铁观音、龙井、毛尖……变成送礼的标配时，我习惯把那盒子里的茶偷偷换成月光白，倒不是因为这茶的价格更亲民，而是因为它展现出了不一样的气质。它香气高扬，水甜味清，一口喝下去，人人都会爱上。除此之外，它还有利于存放，不像绿茶保质期短，即使放个七八年也依然没有问题，反而越来越醇厚了。

送礼最重要的是懂得。当许多人收到太多绿茶喝不完时，月光白避免了这样的尴尬。相对于普洱的苦、涩、烟熏味，月光白更容易被大众接受。

我就是这样爱上月光白的。

那时，我刚刚接触普洱不久，只懂得喝熟茶。当身边的茶人大谈生茶的绝妙时，我的舌头告诉我，生茶这家伙又苦又涩，无论他们如何鼓吹，我的舌头不会骗我。我习惯了茉莉花茶、龙井、铁观音香气高扬的茶，真不懂那又苦又涩的家伙如何好。

后来，有人说，你可以试一试月光白。它以普洱做底，用的是白茶工艺，把茶叶采下来后，在月光下摊晾完成，所以叫月光白。它具有乌龙的清香，又有普洱的醇厚，对于初识普洱的人来说，是一款不错的入门级茶品。

一口茶汤入口，果然对味儿，它香气馥郁缠绵、脱俗飘逸，我一下子就爱上了它。买回家饮之，一喝就是大半年。有一段时间胃不好，转而喝熟普洱，一喝就喝了一个冬天。

某年盛夏，天气闷热难挨，一口一口地灌熟普洱越喝越热。突然，就想到了家里还有月光白，于是，倒掉喝了一半的熟普洱，泡起了月光白。

第一道水洗完茶，闻杯盖，发现这茶有了变化。那浓郁的花香淡了，变成了蜜香。茶还未入口，便有了期待。

一喝，从舌尖甜到了心底，果然与去年不同了。这哪里是喝茶呀，分明是喝了一杯又一杯淡淡的蜜水。

我兴奋极了，像是挖到了宝藏，开始约不错的朋友来家里喝茶，与他们一起分享存茶的快感。当然，出门会朋友时，也会带上一点存放了一两年的月光白送朋友，把这种喜悦分享给他人。

就这样，身边喝月光白的朋友越来越多。有些朋友借助我的经验，还存起了月光白，总想让时间惊艳自己。

从那时起，家里每年都会准备几斤月光白，有散料，有饼，也有砖，一方面为了自己存，另一方面为了送朋友。我喜欢把最好的给朋友，自己存放几年的老茶，总好过新茶……

去年盛夏，约朋友吃了一顿热辣的水煮鱼。酒足饭饱之后，胃里火烧火燎，总想喝点儿什么东西去去火。然后，我就想到了月光白。

我从茶饼上撬下一块，用电子秤精确地称出 8 克茶，用盖碗泡了起来。那茶已存放了五六年，虽然还不是品饮最佳时期，但它的甜香已经把人陶醉了。

“月光白。”朋友低沉地说了一句。突然，她眼睛一亮，说，“我们搬到外面喝茶吧。这月光白，伴着月光喝不是更配吗？”

我一听，当即决定听从朋友的建议，把茶具搬到了楼下。

我们在小区的花园里，找了一块空地，把小方桌、茶具、炉子准备好，在月光下泡起了茶。那时，正是晚上九点多，散步的人群还未散去，吃烧烤的人还在津津有味地喝着啤酒，我们听着他人谈笑风生，听着蛐蛐、蝈蝈的鸣叫，喝着属于自己的茶。

小区的人从我们面前经过，看到炉子上烧着水，又准备了这么多茶具，走过去后指指点点地说："在外面吃烧烤可以理解，这喝茶都喝到外面来了，真能装……"

是啊，一文艺就有人说你装；一粗犷，就有人说你没文化，不管你怎样做，总有人说你不对。既然这样，又何必在意呢？不要让他人的言论破坏了当下的美好。毕竟，有些美好只能自己体会。笑笑不说话，就是最好的回应。

而茶给我的回应，就是让我明白，原来时间真的可以沉淀一切。沉淀文字、沉淀口感、沉淀心性……

越是沉下来，越是愿意把这片美好的月光分享给他人。我在等着它变老，十年、二十年、三十年……等着它越来越甜，等着它足够老，像传递传家宝一样，把它传给喜欢它的人。

我赠了你一片月光，还赠了你一缕清香，你收到了吗？

有些美好，一出生就老了

茶里，古树茶是最为有气质的叫法。

古和老，都有气质，就像一件被流传了千年的古董，浑身散发着历史的气息。在新茶里，这气质只有古树茶有。

我喜欢古树茶，它与小树茶不同，从口感上就能区别开来。香气沉稳、回甘猛烈、喉韵凸显……一口茶喝下去，整个下午回甘在喉间若隐若现，又从不间断。

而小树茶，也有高扬的香气、甜甜的回甘，可少了喉韵这道关，就是差点儿火候。不得不说，多了一个“古”字，可是多了上百年的光阴呀！

作家雪小禅在写茶时说：“茉莉花茶是小家碧玉，龙井是官气十足的男子，碧螺春有些村姑味道，普洱很贵族，黄山毛峰又孤傲了些，肉桂是难听的……”

如果普洱是贵族，不知这上百年的古树茶，又该怎么称呼？

别人怎么称呼我不知道，朋友却把普洱的身价一下子拉下来，给它创命名为“牛饮茶”。因为，在朋友看来，一小口一小口地喝茶，实在费劲儿，不如，来一大杯更爽快。

这也是古树茶与小树茶的区别吧。

我也牛饮过，在火车上。一次长途跋涉的旅行，实在无法将精致的茶具放到旅行箱中，于是，把几片古树茶叶子丢到透明的杯子中，然后大口大口地喝起来。

那叶子在水中逐渐伸展开，足足有大半个巴掌那么大，火车上有人笑话我喝老叶子，不如碧螺春、龙井来得精致，细嫩的芽头，豆香的清甜，幻想着就很美好。

而我这一杯，是如何也幻想不出它的滋味。

不妨，就告诉你。那淡黄的茶汤里，融入了低沉的香气，略涩的舌尖，30 秒后开始生津，咽下的苦，稍停片刻，变成了甜甜的回甘。

这意味儿，是喝绿茶的人不会懂的。

我也尝试过小树茶焖泡，极苦，极涩，投极少量的茶也无法掩盖它的本质。这就像煲一锅汤，少了时间的慢炖，那汤就是薄。

古树茶也一样。

在家不写字的下午，我用紫砂壶泡了一杯古树普洱，给自己。

100 度的水，去浇那粗老的叶子，还未盖上盖子，香气已扑鼻而来。先生坐在一旁闻到了茶香，感慨道："这茶，就像面前放了一大束鲜花啊！"

这感慨我也有，所以每次揭盖，必闻盖子上的香气，是检验茶的品质，也是喜欢那浓浓的花香。

每到年底，一定会好好地喝古茶普洱，可能与天气有关，到了冬天，这茶格外地香，不像夏天，汤里隐约含着水汽。

我与大多数人不同，到了夏天就喝熟普洱，反而冬天喝起了生普洱，因为每年这时候，是它味道最好的时候。

一起喝茶的茶友，也喜欢冬天喝生普洱，共同的体感不言而喻。当然，冬天更是离不开老茶头，最好是古树茶头，再兑进去一些发酵过的粗老叶子，煮起来也格外香。

不仅喝着香，小火慢煨，整个屋子里都充满了茶头的香气，身在这个环境中，不醉也醉了。

那咕嘟咕嘟的声音，似乎在说："来喝我吧，喝掉我吧！"

喝茶久了，更喜欢接触同样喝茶的人。

因为喝茶者都有一个共同的特点，不急不躁，这就像在过自己的人生，也像交友，不会为了急于求成而做功利的事，一切慢慢来。

这种性情，更得同好喜爱。有时，只要一开汤，彼此喝上一杯，什么都懂了，胜过千言万语。

跟喝茶的人做朋友，省事，简单。

之前，喝茶是一种仪式，需要净手、静坐十分钟、焚上香，才会去泡一杯茶。如今，喝茶成了习惯，在电脑旁写作时，手边也会放一杯茶，写得累了，就喝上一口，不温不冷，正好。

可是，喝古树茶的时候，依然需要仪式感，依然会静下心来，拿出最好的器物去泡它，像谈一场恋爱，看着它满眼欢喜。

真是含在嘴里都怕化了。

今年冬天，北京还没下过一场雪，我端着茶杯久久凝望着窗外，似在等待。

我的孤单谁能懂呢，怕是只有手里的茶吧。

是它，也只能是它。因为它生长了上百年，见过了太多风风雨雨，自己早就生长出了孤独的灵魂。

带着老味儿，就这样来了。

它一出生，一被制作出来，就已经老了。

在这样干冷的季节里，我喝了一杯又一杯古树普洱，它在这个冬天滋润着我的心灵，让我逐渐变得温润、安宁。若没有它，怕是灵魂都会枯萎吧。

多少人，一出生也老了呢。

花：香了空间，芬芳了自己

与其踏遍春风十里，不如静守一朵花开

每年到了春天，无论工作多忙，总要追赶一场又一场花事。迎春花、樱花、桃花、梨花……就这样轰轰烈烈地开了。

花开时节，我和先生习惯去郊外看花散步，感受春天温暖的气息。有时，我会带上一本书，在花下闻香看书，而他静静地对着花发呆，一下午很快就溜走了。

回家的时候，折几株桃花，采几朵野花，这些小花能伴我度过整整一周的时间。期间，不管花朵枯荣，写作累了的时候、构思的时候，以及喝茶的时候，总会对着小花发呆。这一刻，我完全沉浸在自己的世界里，一切似乎都消失了。

春天对于不少人来讲，到底是热烈多过沉静。摆姿势、拍照留念、发朋友圈……少了哪一个环节，这个春天似乎都不完整。春天，是朋友圈、微博等自媒体晒花的季节，也是一个人可以炫耀自己有大把好时光的时节。粉白的脸蛋儿贴着花，人比花都娇了。

我也见过这样的照片，有的女士为了把自己拍得美，不得不为了配合花朵，采用半蹲的姿势；有的桃树枯小仅有几株，愣是被人拍出了十里桃林的景色；还有的极不文明，站在公园里的樱花树上，彰显自己一览众人小的气势……

每次见到这样的场景，总是感叹，到底是人看花，还是花弄人。朋友说，所有的物，都是为人所用，要时时记得不要人去侍物呀！

我对这句话十分赞同，所以我的春天一直都是安静的。静静地读书，静静地让花陪着写作，静静地对着花发呆……我踏遍春风十里去追一场花事，总归不过是为了让最美的生命在自己身边绽放。

张岱说："人无癖不可与交，以其无深情也。"其实，有的人为了显示自己有癖好，会故意展示出一种生活姿态给我们看。所以有时候，我们必须自问，我们爱花、爱茶、爱养壶插花，到底是不是真心喜欢？

是花来供养我们的精神，还是我们为了它，扭曲了自己？

这个世界是功利的，许多人每天为了生活而奔忙，一直追求有用有利的东西。而我们在“无用”的东西上浪费时间，不过是为了平衡紧张的生活，让我们用心去感受自己的精神被放慢的感觉，并因为喜欢这件事，从中感受到快乐。

什么是真正的深情？在我看来，便是借物供养自己，让生活富有情意，并且对当下的生活极为郑重。

苏东坡喜欢海棠，为此写下了一首关于海棠的诗：“只恐夜深花睡去，故烧高烛照红妆。”花开的时候，他说“每岁开时，必为置酒”。

每一次花开，他为此置酒吟诗，然后来欣赏它。他的性情显露是真挚的，是属于自己的，不是展现给他人看的。

春天，这个盛大的花开季节，有些人成了春天匆匆的过客，有些人成了春天的陪衬，有多少人真真正正地成为春天的主人呢？

如果每个人做任何事，都抱着一定的目的，一定会过得特别累。而天地万物育花，谁说不是为了调节生活的苦与累呢？

你的快乐属于你自己，就算可以分享到朋友圈，他人也未必能够感受到。与其如此，不如，静守快乐本身，供养自己的精神。

自前年开始，每隔一段时间，我便会去花市买几朵花回家。因为先生说："家里多了花，整个空间都变得不一样了，我特别喜欢待在家里。"

谁说不是呢？为了把花插得有层次，我们商量了又商量，研究了又研究，讨论的过程，那份你侬我侬的小情感，让我想到了李清照的"赌书泼茶"。

有时，不必羡慕书中的爱情，这份羡慕会让你的心一直向外张着，总是渴望外界的反馈。有时，多体会一下生活中的点点滴滴，回归到自己的本心，你会发现原来你也能活成别人羡慕的样子。

这很像春天去赶一场又一场花事，无论你浏览过多少花，拍过多少照片，真正能静下心来欣赏的，仅有那么几朵。慢慢你会觉得，当你能静下心来时，你才真真切切地感受到，原来自己跟自己在一起。

这时，什么分享，什么拍照，一切都不重要了。所以有时候，我们需要一朵含苞待放的花，不着急地等着它开，把更多的时间留给深情，留给自己。

野花入家，一日便足矣

不知从什么时候开始，花有了高低贵贱之分。

事实上，世间万物，每一样都被区分了高低贵贱。一本书、一盏茶、一炷香、一副箸……甚至人，也被分出了好坏和高低。

喜欢的人，就算有小偷小摸的不良行为也是好的；不喜欢的人，纵然是家财万贯的大善人，也是不好的。

人和动物之间的区别也在于此。我们可以以情感、喜好、价格、价值，来评定任何事、物和人。而花，就在这样的区别中，被分了高低贵贱，有的成了书桌上的清供，有的永远留在了乡间田野、公园夹道中。

有一天在朋友圈里闲逛，无意中被一张图片打动。那是一张以菜花、油麦菜、茼蒿、紫苏等蔬菜为主题的插花作品。当日常事物变成艺术，它们完全变了意义。这张照片给我触动很大，它使我明白很多事物因为角度不同，呈现的状态也不会相同。

从那时起，我开始关注那些不被发现的事物。然后发现，原来棉花、麦子、秋葵杆、干树枝……无一不是艺术品。

有了这个重大发现，我的生活一下子快乐了很多。无论什么东西，我都要放到花瓶里去摆弄，给生活一点创意。当我把这些"作品"放到朋友圈时，朋友评论说："太丑了。"

有的朋友说："没有钱吗？我可以送你一家花店的 VIP 包月。"

还有的朋友说："野花开不久，不值得你花心思。"

我把这些评论读给先生听，他也不搭理，继续摆弄着采来的野花，把它们插在另一只花瓶里。看他专注的样子，已经给这些评论做出了最好的回答。

好看不好看、时间保持得是否长久不重要，重要的是能静下心来，开心地投入到一件事情中。朋友只看到了插花后的作品呈现，却不知道这一束束花背后的热情。

每天下午写作累了，我就去公园里走一走。那时，公园里有不少带孩子的老人，他们教孩子认花园里花的品种，带孩子在健身器材处荡秋千，或者任由孩子自由洒脱地玩。而我每次去公园，只盯着无人注意的野花看。

那些野花明明就在脚边，却仿佛被岁月藏了起来，无人关注，连公园里的孩子都不喜欢了。我小的时候，最喜欢春天和夏天，因为路边会疯了似的生长大片各种各样的野花。喇叭花、打碗花、野菊花、野雏菊……我把它们编成花环戴在头上，有时别到衣服上，还有时就干脆躺在花海里睡上一觉……

有一天，我扎了一把特别好看的花束，想要送给妈妈。我跑了很远的路，来到妈妈工作的田地里，激动地说："送给您。"

我以为她会夸奖我懂事，或者是一个有孝心的孩子。没想到，妈妈看我跑得满头大汗，又看到我摔了一跤后来不及拍掉的尘土，气呼呼地骂我永远学不会稳重。在妈妈一阵拍打尘土中，那一束花不知什么时候从手中脱落了，它干巴巴地躺在地上，如同我的心情。

从那时起，我变得不再矫情，对父母的爱也喜欢藏在心里。当我看到身边的朋友给父母买衣服、买首饰、带他们旅行时，我就觉得很矫情。我做不到，至今我仍没有送给父母过什么，因为我知道，他们一定会骂我乱花钱，骂我不懂他们的心思买了不适合的衣服。

在大人的眼里，孩子永远只有一个字“玩”，做什么事，都不过是在玩。扎花是玩、画画是玩、编故事是玩……大人们却不知道，这背后还有一种能量，叫快乐。

幸福和快乐，是小时候最容易获得的东西，长大了却是我们一生都要追求的东西。我们一直在追求有用的东西，却往往在无用的东西中，才能获得更大的快乐。

人们说，小时候无忧无虑，不用面临生活的压力，所以才会快乐。长大就是，身上有了担子，有了责任，所以必须放下“玩”，去做更多更有意义、能换取价值的事。于是，我们的价值观，从是否喜欢、快乐，变成了是否有价值，是否有面子。

芍药、百合比野花贵，在家中就有了一席之地；钻石比银更有面子，就成了结婚时的必备首饰；名品大牌，胜过素衣粗麻……

因为有了高低贵贱，不管你是否喜欢，就会直接追求更能彰显身份、有面子的。我们眼睛盯着更大的房子、更好的车子、更贵的服装首饰，以为得到就能获得更大的快乐，却发现我们换来了更多的不快乐。

十年前，朋友最大的理想是有一套属于自己的房子。她认为，有了房子她的人生将圆满。当她拥有了人生第一套房，她认为还完贷款就能一身轻松，享受生活的乐趣。当她还完所有的债务，又有了不少存款时，她整天追问，人生的意义是什么？

要我说，人生的意义就是去掉分别心，真实地面对那个品位并不好的自己。

我明明喜欢黄金，却为了面子逼着先生买了钻石；我明明穿平底鞋更舒服，为了好看穿高跟鞋让脚骨变形；我明明喜欢看小说，却为了面子读了太多深奥的书……

我们一直说，要面对真实的自己，但人们面对的不过是别人给事物区分后，更加有欲望的自己，而并非那个天真质朴的自己。

有一年，会见老友。朋友说：“不要管别人怎么说，做你自己就好。”

另一位朋友说：“是的，所以我从不看重房子。”

洒脱的朋友立刻改了口：“还是要有房子的，不然会被别人看不起。”

你看，真正能听从自己内心的人，没有几个，多数人还是会被外界绑架，一生为别人做了嫁衣。

我从小喜欢野花，之前也认为野花只能开在路边，现在我觉得，只要喜欢它们开在哪里都可以。

周末的傍晚，我和先生去公园采了大把野花回来，丝毫不顾及路人嘲笑的目光，就像先生把花插好，丝毫不管朋友圈如何评价一样。

秋天的时候，我们还收集了野花的种子，来年，我们的阳台上便爬了牵牛花的藤。先生每天为它们浇水，看着它们一天天长大。

有一天早上，我从睡梦中睁开眼，突然看到花瓶里放了一朵牵牛花。接着我收到了先生的微信：伴你午后消茶。

先生亲手栽下的牵牛花开了，他把那第一枝送给了我。它很普通，满世界都是；当然，它很昂贵，里面有浓浓的深情。

不由得，我想起那年夏天，送给妈妈的那束野花。如果，她也能懂得在忙碌之余欣赏一下这夏天，她一定会过得比现在快乐。

亨利·沃德·比彻说：“寻觅花朵的人将找到花朵，喜爱杂草的人将觅得杂草。”

我们善于捕捉什么，也就决定我们要面对怎样的人生。关注赞美之言的人，人生之路平坦多过坎坷，因为他总能看到人性之美；盯着别人缺点的人，会对人生失望，坎坷也将多于平坦；而无所谓的人，往往也能活出自在人生。

世界本不是我们看到的样子，而是我们看到了世界的哪部分，构成了我们世界的全部。很多人跟我说，鸡汤真的没用，喝了也并不解决问题。是的，鸡汤可能无法解决你的问题，但却可以让你拥有一个积极、乐观、正确的态度来面对自己的人生。每次遇到挫折，你能想到还有一方温暖的世界，在寒冷中也便有了温度。

先生送我的牵牛花，午后就蔫儿了。野花向来开不久，不过无所谓，昙花一现里，一定有着别样的快乐与温暖。

窗前一片油菜花，醒来就醉了

我很喜欢的一对朋友，去年回了湖南老家。他们在老家万亩油菜花田里拍了百余张照片，我看到那些照片真是羡慕极了。男生骑单车飞驰在油菜花的乡间小路旁，女生戴大沿帽，穿梭在花丛中，仿佛一个天使精灵。

他们是一对恋人，亦是两个爱旅行的人，他们常常在朋友圈和微博上分享自己的旅行经历，活成了一对令人艳羡的情侣。

他们是都市里忙碌的编辑，每天工作量大得惊人，只有周末和假期才能出门旅行。这些短小简单的旅行，成了他们生活的调节剂，也让他们彼此发现了另一半不同的样子。

她说："我喜欢他的阳光、他的温暖，还有旅行疲惫后坐在火车座位上，他紧紧握着我的手睡觉的样子。"

他说："我喜欢她的笑、她的才华，还有她对我的好。我知道，除了她，我再遇不到比她更好的姑娘。"

如今，他们相恋五年，仍然是彼此珍惜，彼此倾慕。

我与身边的朋友讲述他们二人的故事，朋友说："相恋之所以美好，是因为还没有结婚。"

听完朋友的回答，我笑笑没说话。心里盘算着，什么时候，我也能遇到一片油菜花。

第一次见到油菜花还是小时候，七八岁的年纪。有一年，菜籽油十分流行，老家的田地里仿佛一夜之间都改种了油菜花。先是一大片绿，接着是一片又一片的黄。因为每家都种了油菜花，场面就显得十分壮观。我常常奔跑在花丛中，花朵芳香，长到腰间，在那样的花丛中玩耍，不知道有多开心。

春天，是一个乍暖还寒的季节。我不顾早晚的冷，中午还是忍不住从柜子里翻出三姨做的蝴蝶裙，穿上它跑到花丛里与蝴蝶一起跳舞。

三姨手巧，知道女孩喜欢蓬蓬裙，因此，她特意将裙子的袖子做了大大的蝴蝶翅，裙摆也设计成鼓鼓的。我穿着这样的粉色裙子去玩耍，不知道羡慕坏了多少小伙伴。这是我的殊荣，因为只有我，有这样的裙子。

除了跳舞、抓蝴蝶，还有一件事，也喜欢在油菜花地里进行，那就是，捉金龟子。

在老家，家家户户养了鸡，而鸡最喜欢吃的是虫子。爸妈为了让孩子不打扰自己，便打发孩子们去捉小虫。那时，孩子们成群结队地去捉虫子，有时在油菜花地里，有时去踹树，还有时去土里挖。

我们在没有密集的书本和作业中，过着放养般的生活。那时的童年，说快也慢，说慢也快。快是因为，在玩乐中一眨眼就天黑了；慢是因为，实在无聊的时候，就只能一瓣一瓣地数花朵，数到成百上千，这一天还是过不去。

又过了几年，油菜花没人种了。不过，我也长大了，不会幼稚地去捉虫子，也不会再做公主梦了。再过了十多年，家乡又开始流行瓜籽油，变成了大片的向日葵。面对那扎人的大头花，我没有跑进地头的勇气，只能对那一望无际的向日葵拍照留念。

孩子总是热衷于融进各种生活和大自然中，成人看似也在生活，但与生活却保持着一定的距离。那向日葵扎人吗？并不。我记得小时候，父母在田地里干活儿，无聊的我曾在一大片酸枣林子里穿来穿去。林子里的树枝错综复杂，每穿越一次，就要被扎不知道多少下，可是，仍然乐此不疲。我一边拔着身上的酸枣针，一边幻想着跟某位好朋友玩一次，说不定我能赢她。

长大意味着成熟，成熟意味着更懂得如何保护自己，爱惜自己。我们明明应该在长大的过程中越来越懂生活，可是我们的生活却一地鸡毛。

假如，长大就是为了让生活变得越来越麻木，那我宁愿回到小时候。我不想靠别人的经验而活，只想去体验属于自己的人生。它可能会充满疼痛，像穿越一次酸枣林，但是也会收获欢喜。

同样，身处都市享受着优渥的物质生活，也失去了精神上的饱足，这也是一种疼痛，不是吗？只不过这种疼，就像一个疼久了的人，对疼产生了免疫而已，并不表示它不存在。

每次提到我和先生的爱情，妈妈就要感慨一次她的大胆与任性。那时，我与先生异地恋，他因工作去了青海，我因爱情想来一次长途跋涉的旅行。

妈妈说："我没有见过他，但你爱他，我就相信你。假如，他是一个骗子，把你拐卖到国外去，我就找你一辈子；假如，你遇到了对的人，我就祝福你幸福一辈子。我愿意赌那百分之五十。”

就这样，我急忙踏上开往西宁的列车，连卧铺也不愿意等，站着去了西宁。他不是骗子，也没有把我拐卖到国外，倒是拐卖了我的一生。

在那里，我们去了青海湖，一同看了万亩油菜花。他说，不管多少年，我都愿陪你再看一次油菜花。

如今，八九年过去了，这个约定一直未能实现。所以，看到朋友发的油菜花照片，总觉得我与它还有一个未能兑现的约定。

我向朋友打听，北京周边的油菜花景区，他们也不知道哪里有。寻着，找着，春天就过去了。忙碌着，生活着，也就忘记了这件事。

今年春天，在菜市场买回来一大袋油菜。我一边择着菜，一边跟先生说，这油菜都老了，你看，都快要长出花骨朵儿了。

转念间，我拿出了一只废弃的盖碗，把里面注满水，把那颗长老的油菜放了进去。不出所料，三天后，它开了花，橙黄的油菜花跃然眼前。我把它放在了卧室的阳台上，每天早上起床都能欣赏一下那几朵小花。

它似芝麻开花节节高，开完一批又一批。就这样，这朵油菜，在我的窗前养了将近二十天。直到回老家无人浇水干枯而死，否则，不知道它还要开多久。

某个周末的早上，我和先生一同欣赏这花。他说："明年春天，我多寻点儿老油菜来，把这窗台给你种满油菜花。晚上，闻着花香入眠，早上，伴着花开醒来。"

突然间，我的心底有一大片油菜花盛开了。这世间，最美的花，是情话。它不需要声音悦耳，更无须整日说令人乏味的我爱你、我养你，一句平凡入你心的轻描淡写，就够美了。

我想起朋友说的"相恋之所以美好，是因为还没有结婚"这句话来，这是人们最爱说的一句话，也最为深信不疑的一句话。因为有了这句话，便把所有的爱情婚姻排斥在外，一切美的、好的、爱的，都成了不对、不成熟。

他们总是想让时间去证明，不好的才是长久的。因为深信"不好"的长久，眼睛便只盯着那些不好的，于是，生活就真过成了一地鸡毛。然后，他们再指着当下的生活说，你看，生活就是这样的。

不不不，生活不是这样的。这就像我那对朋友，他们相恋五年，眼里只盯着美好的部分，生活反而随着时间越过越滋润了。

刚结婚那会儿，我一提到先生的好，身边的朋友就泼一碗冷水：“你现在越幸福，将来就越痛苦。生活早晚会把你老公身上的优点变成缺点。”

一开始，我奋力抗争，总想证明自己。后来，我笑而不语，因为我无须用语言去证明，生活和时间已为我做了最好的证明。

与先生相识九年，结婚七年，回忆这一路走来的历程，我始终认为，我选择的是穿越酸枣林的方式。

“我找到了一个好玩、惊险刺激的野林，我们一起去穿越吧。”

“好啊！”

“这一路会被扎得遍体鳞伤，你还愿意去吗？”

“当然！因为这是我从未体验过的人生。”

任何一个婚姻，都会有争吵，需要磨合，然而，这没什么。不过是彼此拔掉那些酸枣刺，继续往前穿越而已。有疼痛，可是也有惊险和刺激，更有深入到生活中的快感。

我不喜欢去讲生活的乏味与枯燥，还有日复一日的重复，我更喜欢它的不同，就像每一次穿越酸枣林，身上的酸枣刺会变少，那是一种进步啊，也是为婚姻生活多安装了一个齿轮，彼此咬合得更严丝合缝。

这不是左手摸右手的无感，而是世间再没有比你更适合我的齿轮的默契生活。

假如，我能与梨花为舞

一直喜欢梨花的洁白，纯净如雪。

当梨花瓣大片大片地散落一地，总能想到《红楼梦》里的句子："为官的，家业凋零；富贵的，金银散尽；有恩的，死里逃生；无情的，分明报应；欠命的，命已还；欠泪的，泪已尽。冤冤相报实非轻，分离聚合皆前定。欲知命短问前生，老来富贵也真侥幸。看破的，遁入空门；痴迷的，枉送了性命，好一似食尽鸟投林，落了片白茫茫大地真干净！"

世间一切皆因果，还完受完，就落了片白茫茫大地真干净。梨花的白，似带着因果的果而来，还完了，受完了，它就落了。

可是，明明是春天啊，这万物生发的季节，怎么就完了呢？是的，必须在春天万物复苏前结束这一切，花瓣开放时，才是新轮回的开始。

“天行健，君子以自强不息。”老天爷就是这样生生不已，当然，也如孔子所言：“逝者如斯夫，不舍昼夜！”

时间如水，从不间断。

我们能接受新生命到来的喜，往往无法接受人离去时的悲。

在《向往的生活》中，何炅老师无意中提到黄磊老师对老婆孙莉说过的一句话：我们在戏里不断地练习生离死别，等那一刻来临时，或许我们会变得更加坚强。

那时他们在一起排话剧，每演出一次就要在戏中经历一次生死离别。虽然戏如人生，演员要进入角色，才能演出味道，可这样的生离死别终究不是真的。当那一刻来临，我们未必会变得多坚强。

许多人在心中也默默地练习过生离死别。即使不愿意面对，也知道父母有离去的一天，伴侣有先走的一天。

有一次，我和先生讲三毛，提到了荷西的死对三毛的打击。她几乎不能活，药物也失去了作用。她将近三个月无法睡觉，完全靠意志力强硬地撑着。

她想追随他而去，可父母却希望三毛活着。没有哪个父母能接受儿女自杀，即使她再痛也不能。她同时写书、演讲、写歌词、旅行……为了忘记一个人，她让自己一刻也不停留。

她说："许多个夜晚，许多次午夜梦回的时候，我躲在黑暗里，思念荷西几成疯狂，相思，像虫一样地慢慢啃着我的身体，直到我成为一个空空茫茫的大洞。夜是那样的长，那么的黑，窗外的雨，是我心里的泪，永远没有滴完的一天。"

先生被三毛的故事感动了。他问我："如果我离开了，你也会像三毛这样吗？"

我摇了摇头："我不希望活成三毛的样子。她太痛了，连呼吸也是痛的，靠着秒针生活，生不如死。如果换作我，我更希望自己活成杨绛先生的样子，她 1997 年失去爱女，1998 年失去丈夫钱钟书，生命中一而再地失去重要的人，却没被生离死别打倒。她写书、翻译、做学问，一个人怀念着另外两个人。"

停了停我又说："相反，如果我先去，我希望你能再找一位能照顾你的人，好让我放心。"

我尊重爱，但我更希望对方能彻底放下，最好忘记。我不需要他的怀念，更无须他的祭奠，最好像一切从来没发生过一样。

正是因为有了这样的心境，所以才喜欢梨花吧。

很多人说，你太矛盾了，一方面希望对方轰轰烈烈地爱你，一方面又希望对方放下，你到底想要哪一个？

弘一法师说：“五尘都是虚假的，可以受用，不可以爱着。佛菩萨对五欲六尘亦享受，但不执着，没有爱、取、有，没有分别执着，永远在定。”

我希望我和先生也能做到这般，可以享受爱，但不执着爱。爱人在，就好好爱，爱人离开，不执着，不痛苦。

这说来简单，做到似乎很难。莫说相伴一生的爱人，就算相处三四天的亲密好友离开，偶尔也会想起吧。

既然明知道自己会难过，会无法承受，所以现在就要学会练习放下。这种练习并非在脑海中一次次幻想生离死别的场景，而是在生活细小的事物上，学着不执着。

比如，我对书十分痴爱，爱茶、爱玉、爱翠、爱生活、爱一粥一饭……正因为爱，所以慢慢地学会与它们告别。有时，我会送朋友心爱的小玉坠，去查看自己的内心是否会心痛；会送朋友一些书，观察自己的心情变化……

我向来不是一个“读书人”，只在脑子里练保健操，我更喜欢把学来的每一句话，付诸到行动中。我看到弘一法师的话，认为对，就会学着去践行。

生活本是修行道场，无须去找一处世外桃源。因此，朋友见我爱物爱人，又能做到放下时，常常会嘲笑，他们认为这一切都是假的。

遭人嘲笑，我会突然生起愤怒心，但转瞬便化为乌有。事实上，对嘲笑在意，不也是一种执着吗？

《金刚经》云：“一切有为法，如梦幻泡影，如露亦如电，应作如是观。”

观就好了，看就好了。

当我在心性上，有了一点小小的成绩，便更期待与梨花相遇了。我渴望三生三世般的十里梨花，只有一个人，孤独而不哀伤，作如是观地看花开花落，仿佛看一场人间起落，悲欢离合。

轰轰烈烈地来了，也轰轰烈烈地归彼大荒。

花落了，林黛玉吟咏葬花词：未若锦囊收艳骨，一抔净土掩风流。质本洁来还洁去，强于污淖陷渠沟。尔今死去侬收葬，未卜侬身何日丧？侬今葬花人笑痴，他年葬侬知是谁？试看春残花渐落，便是红颜老死时；一朝春尽红颜老，花落人亡两不知！

林黛玉写尽人间烦恼丝，那花落了，还要去葬，还要去拷问将来谁来葬她。如同身边好友，虽然年纪轻轻，却总为身后事作打算，他怕孤寡而亡；怕老来无可依；怕身患重病，无许多金钱，只能等死……

要么说，天底下喜欢林妹妹的更多些呢。她一首葬花词，写出了人们的焦虑，是啊，明天谁来葬我，老了怎么办？

我不葬，亦不哀伤。因果自有命数，到了就了结，干干脆脆，哪里的黄土不埋人。

因为我还知道，哀伤也无用，该来的总会来，就像这梨花落了，那哀伤的声音，早晚都要被花瓣掩盖，回归到干干净净。

仿佛，一切从未发生过。

而新的生命，也就此开始了。

风吹石竹见君郎

我的人生中，养的第一盆花是石竹。有一大束，多种颜色：白色、粉色、红色，还有渐变色。起初，我不知道它叫什么名字，只是开了花，就把那花朵拍照给做景观设计的朋友看，她告诉我，这是石竹。

朋友还说，石竹是一种公园里最为常见的花种，不该不认得呀。

说起来有点惭愧，还真不认得，更令人难为情的是，我竟然第一次见石竹。望着那一朵朵小花，我回忆起自己的“前半生”来，一直在思考，为什么我连最常见的花都忽视了。

二十几岁的时候，我还是一个精力旺盛、一心想把生意壮大的姑娘。那时，我在电子城做手机卡批发的生意，生意做得很小，但吃穿不愁，相比普通年轻人，我已成功大半。

那时生意忙，名片上印了三个手机号码，我常常一边与客户沟通，另一边闲置的手机便响起来。我没有假期，没有娱乐活动，从早到晚就是接电话、卖货、发货。一直到晚上十点钟，手机才能彻底消停下来。然后，想想生意的事，读读书，谈谈恋爱，就算打发了休闲时光。

妈妈知道我很忙，常常从老家来石家庄看我，为我换洗床单被罩。而我实在太忙，就算妈妈来了，我也从来没有带她出去逛街，看一看石家庄这座城市。我在石家庄好几年，对这座城市几乎一无所知。

我不知道这里的街道名字，不知道哪里有好吃的美食，不知道哪里可以休闲娱乐，更不知道哪里可以看到石竹花……

后来生意失败，我每天过得消沉，对什么事情都没什么兴趣，更没有兴趣去公园里看一看那盛开的鲜花。不过，当时我从来没有觉得人生错过了什么，反而认为活着就该那样，忙碌、赚钱、谈恋爱、结婚、继续赚钱……

难道生活里还应该有其他的吗？似乎没有了。二十几岁，原本该迷茫，或追求理想的年纪，我反而活得比多数人更为现实成熟。我常常与三十多岁的成功男人谈生意，与四十多岁的女人聊婚姻，与六十岁以上的老者谈人生，似乎只有这样，我才能配得上客户嘴里那句：

你这么小，真的靠谱吗？

是的，我就是想证明，二十来岁的我，是一个靠谱的生意人，不是你眼中的小孩子。

在我人生最失意时，我遇到了现在的先生。他原本是我的网友，因为知道我做生意常常从我这里购买手机和电话卡。一来二去，我们便熟络了。他得知我生意失败，知道我的困境，主动给我帮助，无论是金钱还是情感上。

就这样，他带我走入了另外一个世界。我成了一只被他供养的金丝雀，每天有大把时间赋闲在家，我开始思考人生、理想，也开始在慢节奏的生活中，欣赏一朵花。原来，山那么美，格桑花那么艳，草原如此壮阔，直到我遇到石竹才明白，有了他我的人生才有了变化。

一个人，人生的转折点总要遇到点什么，有时是挫折，有时是坎坷，还有时是一朵花。许多人说，人生的苦不值得赞美，可是我想说，如果没有生意的失败，没有置之死地而后生，人生也不会看到另外一种风景。

从那时起，我踏实写作、赏花、喝茶，认真地生活，当然也开始追求理想，把自己活成了十八岁的样子。身边的朋友说，你越来越幼稚了，对什么都像个未经世事的孩子。

做生意时，我见过人性的丑；失败时，见过人性的美。一个人本来就戴了几重面具，对你好的人未必善，可能只是对你好；对你坏的人也未必恶，可能就是看你不顺眼。因为经历了人性的复杂，所以我更愿意变得简单。

陈丹青老师在《局部》中说，十八岁意味着全息，而历史上许多成功的艺术家，他们的年纪并不大。人老了习惯做减法，我们不否认减法有它的美，可是十八岁的加法，却也有另外一种美，不是吗？

有一次与先生开车进了山，那层峦叠嶂的山，那山上将掉未掉的险石，那一环环向上攀爬的道路，每一处都是绝佳的美景。我用手机把一处处风景拍下来，先生在一旁问我拍摄效果如何。有时，他为了配合我拍照，还会刻意将车子停下来。望着手机里的照片，再看看当下的风景，我一下子懂了陈丹青老师口中的“全息”。

当我们的人生开始做减法，就宛如手机里的照片，只截取我们认为美的部分，而那些不好的部分便自动删除了。我们给一个事物定义，定义它的好、坏、价值、意义……不是我们老了才开始学着做减法，而是随着不同观点的叠加，我们的大脑自动删除了无意义的事。

而十八岁的全息是什么？就是身处这大自然中。好的、坏的、无意义的、有价值的……一并吸收了过来。十八岁，是人生精力最旺盛的时候，也是成年的转折点，更是区分意义和无意义，对世界将知未知的时刻。他们的世界，不要照片般截取，不要你的有没有意义，就是要全部，全部。

放到生活中，就是我们不仅需要有意义的赚钱养家、做好事业，还需要无意义的插花喝茶、读书养壶，这是生活的全息，才是真正地生活在生活里。

放到做人，便是我们不否认人性的恶，也不否认人性的善，好的和坏的照单全收，我们愿意像十八岁时一样天真天然，但同时，又有着成年人的成熟，懂得自保。世界不会因为你简单就变得简单，但你绝对会因为自己变得简单而更加容易获得快乐。

因为结识了石竹，每次去公园，或者出去玩的时候，总能见到它，它果然是公园里最为常见的花卉。不过我知道，不是因为它常见，而是我改变了生活方式，才注意到了它。假如，我还是十年前的我，想必一生都与它无缘，那么我的人生，也将错过太多美好的部分。一朵花的意义并不来自花本身，而来自自己。十年前，它是可有可无的存在；十年后，它是生活的必需品。

人们常说，要停下来，等一等灵魂，看一看路上的风景。其实，没有必要专门为了等灵魂而停下，就像没有必要为了追求事业的成功往死里奔跑，也像我和先生遇到这一盆花时的场景。

那天，他去总公司开会，我坐在车里听电台等他一同回家。回家的路上，我们要经过一大片荒凉的草地，他车子开得飞快，不过我透过窗户，无意中还是瞥见了大片草地上那点点红色。

“停车！”我喊了一声。

他的车子停了下来，问我发生了什么。我说：“我看到了花，突然想折一些回家。”

我们下了车，张家口的风把我们吹得几乎失去重心。我们迎着风奔跑，很快跑到了那一大片草地上。刚下过雨的草地湿漉漉的，花草拔起来十分省力，我们随意拔了几棵就带回了家，回家后，把它们种在了盆子里。

我一直以为是野草，开了花才知道，并不是。在遇到石竹前，我并不爱花，也从未欣赏过花，遇到它之后，我才知道家中有花是一种怎样的美。其实，我们并不需要认真地停下来等灵魂，只需要在忙碌的生活中，抽出几分钟的时间，美好就这样轰轰烈烈地来了，灵魂也会在那花开的瞬间无端绽放。

宋代王安石喜欢石竹，又担心它不被人赏识，于是写下了《石竹花二首》，其中一首写道：春归幽谷始成丛，地面芬敷浅浅红。车马不临谁见赏，可怜亦解度春度。

先生说，我似王安石眼里的石竹，在最低谷的际遇中遇到他，别人否定我，唯独他欣赏我。而我想说，正是因为遇见石竹，遇到他，我的人生才打开另一扇大门。

把蜀葵别在发间，一起去寻找梦里的童年

池塘边的榕树上

知了在声声叫着夏天

操场边的秋千上

只有蝴蝶停在上面

黑板上老师的粉笔

还在拼命叽叽喳喳写个不停

……

20世纪50年代出生的罗大佑在《童年》里，写出了他那一代人的回忆。我从小出生在农村，童年里的回忆，除了榕树、知了、蝴蝶和老师的粉笔外，还有一样必不可少，那便是蜀葵。

蜀葵，别称一丈红、大蜀季、戎葵。不过，我们从小叫它花饼花，因为蜀葵结下的种子集结在一起似一个饼，因此而得名。它似芝麻开花节节高，一层一层地长上去，生命力极其旺盛。它花朵颜色各异，有紫、粉、红、白等颜色，花朵呈单瓣或重瓣。

它是一个特别容易生长的植物，哪怕在墙脚，只要撒下种子，来年它便能长成一片。小时候，孩子们种其他植物总是种不活，而蜀葵不一样，它是种到哪里，就长到哪里。你家有好看的花，我就采一点儿种子；我家有不一样的颜色，你也可以采一点儿。在孩子们勤劳地你摘我采的玩乐中，蜀葵长得遍地都是，几乎家家门前有蜀葵。

蜀葵种子刚结下时，我们会采最鲜嫩的来吃，当作零食，而花朵的玩法，那就太多了。可以把花瓣贴在鼻子上做鸡冠，可以将它贴在耳朵上做耳坠，还可以将它与别的花编到一起做花环……

小孩子是天然的艺术家，总是创意无限。我们在一朵花中变着花样地寻找着乐趣，使劲地讨自己开心。终于有一天，我们长大了，也老爱说，女人要学会讨好自己，你自己不爱惜自己，别人又如何爱惜你？

可是，成人的世界讨好自己那么难。有家庭要照顾，有工作要拼尽全力，有人际关系需要戴上面具去处理……等忙完一大圈早已疲惫不堪，讨好的事，就放到以后吧。

有一天，姐姐打电话来，问我她的女儿不喜欢数学该怎么办?

姐姐给外甥女报了三个培训班，分别是英语、数学、画画。外甥女对画画乐此不疲，十分喜爱，对数学厌恶到极致，每次去补习班，都要哭一通。

她说：“妈妈，我不喜欢数学，我只喜欢画画。”

姐姐劝着孩子:“数学很重要,你可以不画画,但不能不学数学。”

孩子不懂成人的世界，不知道学数学能考高分数，将来有一天能上好大学，找一份好工作，她只知道自己喜欢什么便做什么。看着孩子为了大人的意愿不得不去数学培训班,姐姐有点纠结。她跟我说:“我不想让孩子失去一个快乐的童年，可我也不想让她一无所成。”

在姐姐眼中，孩子学习画画是快乐的，放弃数学的培训便能留给孩子玩乐的时间，让她的童年变得更加快乐。

是这样吗?

我不以为然，我问姐姐：“我们从小到大，从来没有学习的压力，童年的时光都在玩儿，可是，你的童年快乐吗?”

姐姐没有回答，我接着说："我的童年不快乐，因为孩子的眼里，也有利益。你的裙子好看，她的不好看，就会遭到鄙视；你有的手机，他有平板电脑，你什么都没有就会难过；他看过的动画片你没看过，跟其他小朋友就没有共同语言……在你看来，她的童年只要放弃数学就能快乐，可是在我看来，没了数学，她的注意力会转移到其他不开心的部分。"

在我们看来，把不快乐的部分拿走，我们就能获得快乐，其实，拿走一个，一定会有新的不快乐发生。我们要做的，不是做减法，而是了解不快乐的本质，然后去强大自己，这样才能变得快乐。

我们的人生，本身就是由各种快乐和不快乐的事情组成。就像写作，写一篇心情日记，一定能写得酣畅淋漓、情感饱满。可是要写一篇文章，就要面临文章的结构、叙述方式、文字、共鸣等许多并不快乐的部分。

在诸多写作者中，许多人都因无法像写日记一样让自己痛快写作而放弃了。他们无法面对不美好的部分，只希望做自己最喜欢的事，可是你也会发现，这样的人大多一无所成。

没有规范的专业上的训练，任何一个人只能做到皮毛，永远无法深入，更不可能变成一技之长。我们学习技能和不好的部分，不是面对一件讨厌的事，而是让我们喜欢的部分做得越来越好。

有了结构的规范，你的表达才能更加顺畅有逻辑；有了叙述方式，会让你的文字更个性；懂得人与人之间情感上的共鸣，你才能准确地让文章产生放大效应……

梁冬说，人生的前半段已经把“型”塑造出来了，后半段需要打磨的是细节……只有真正有品位的人才知道，这一点和那一点虽然看着差不多，但实际上差别很大。

换句话说，虽然都在写文章，在表达同一个主题，但差别却是十万八千里；虽然都是月薪一万元，但生活却差出十万八千里；虽然都是在照顾家庭，但对待家庭的态度也会差出十万八千里……

差别的那一点点，不是对于喜欢的部分打磨，而是来自不喜欢的部分的自我提升。在业余者眼里，齐白石爷爷的画寥寥几笔，酣畅淋漓。如果你去模仿，也能做出潇洒的样子，但那画面就会变得“太美”而不敢看。有了“法”与“理”的精进，你最终才能像齐白石爷爷一样获得大自在。

如果我们知道，那些不快乐、不自在的部分最终都是为了换得大自在，在面对这些技巧与规则时，反而能多一份坦然。因为有些事，非时间不可。

我劝姐姐，孩子虽小，但并不是不懂事。不要告诉她数学多有用，画画多没用，而是教会她，如何去应对这些不喜欢的部分。

假如，在我小的时候，有人能教会我如何去做一件事，那我一定不会走那么多弯路，更不会让童年活得阴郁。

我因为别人嫉妒我的蝴蝶裙，成了一个只穿裤子的假小子；我因为别人说我唱《童年》不好听，再不敢在人前唱歌；我因为说错话，而被小伙伴孤立，导致我从小就活得战战兢兢……

童年，像蜀葵一样热热闹闹地开了，在别人眼中，它那么美，那么纯，又那么难以忘记，可是，那只不过是一个看起来很美的梦而已。

蜀葵的花语，是梦。

我们之所以认为童年快乐，不过是在无忧无虑的表象下，少了生活的烦恼而已。而我们成人不快乐，也不过在原本就有烦恼的基础上，再次增加了生活上的压力，两者对比，童年才变得珍贵而有趣味。

很多人羡慕我说，你看，你实现了自己的理想，生活又如此惬意，真令人羡慕。

这让我想起了三毛。有一次，一个读者给三毛写信，问她："三毛，你是一个如此乐观的人，我真不知道你怎么能这样凡事都愉快。"

三毛给读者的回答是：“我想，我能答复我的读者的只有一点：我不是一个乐观的人。”

是的，我不是一个乐观的人。之前我一直认为，人类没有真正的快乐，黑白才是人生的底色。正因为我的童年不快乐，“前半生”不快乐，所以才有了后来的醒悟，像做游戏一样，把那些不开心的事都变得快乐了。

有一年夏天回老家，见到了大片蜀葵，我采了一大篮子花，抱着篮子下了田地。走到半路，正巧看到有人浇地，水顺着河沟缓缓流进一块格子地里，我停下来，把一朵朵花放进河沟，它们顺着河道就这样漂走了。

像告别一段又一段往事……

我发现，我终究不再是那个会贴鸡冠，戴耳坠的小姑娘了。篮子里还剩下一朵，怎么办呢？别在发间吧，就算大把的童年最终都要告别，可总会留下点什么。

是一段又一段的记忆……

池塘边的榕树上
知了在声声叫着夏天

操场边的秋千上

只有蝴蝶停在上面

黑板上老师的粉笔

还在拼命叽叽喳喳写个不停

……

我再次哼唱起来，这一次，我只为自己，哪怕再有人说，不好听。

香：繁忙都市，悟入香妙，当自得之

繁忙都市，悟入香妙，当自得之

身处都市，每天睁开眼便是车水马龙、人山人海。走入人群中，香水味儿、烧烤味儿、汗臭味儿，以及不时冒出来的韭菜馅饺子味儿，真是让人想要逃离。

可是，又能逃到哪里去？多少人，背井离乡，只为在都市中占得一席之地。如今，好容易立足，谁又肯舍去今天的成就，去换乡村一片净土？

一切是熟悉的，可又是陌生的。熟悉的是高楼大厦、人山人海，陌生的是，没有一丝味道是自己的，没有一张面孔是相识的。

我记得一位画家说过："每次走到陌生环境中，我一定会点上一炷香，让香气在陌生环境中弥漫开来，用味道让陌生的环境变得熟悉。”

你可以随身带着一泡茶，也可以随时坐下来安静地读书，但终究觉得自己与陌生环境格格不入。这时，只有香能解救自己。

有了香，什么荤素杂味全被驱赶，什么人群嘈杂，全安静了。

提到香和茶，人们第一印象难免是山林乡野、茶房香室，似乎只有有仪式感的地方，才能点香喝茶插花。其实不然，越是身处都市，我们越需要让灵魂停下来。

友人说，我不喜欢停下来，人们都在往前赶，我停下来，不是证明我落伍了吗？

这真是一个先入为主的观念呀！我想，这也正是大多数人的想法，哪里能安静，哪里能品香喝茶？这不是文人雅客才能做的事吗？

其实我想说，文人雅客也需要生活，最终也脱离不开柴米油盐。在大家都在忙忙碌碌的时候，他们给自己找了一个平衡生活的方式，而香就是用来平衡生活的。

有句话叫：手忙心闲。你怎么知道，这些文人们喝茶品香时，思绪不是在满天飞呢？你怎么知道，那些职场达人在工作时，不是借着一炷香让自己变得沉稳，业务上能减少出错呢？你怎么知道，静下心来品一炷香，不能发现自己身体是否亚健康呢？

……

是的，香都能做到。

另外一位友人前些日子极为犯愁。他的女友是一位开店的老板，整日忙于工作，让她患上了严重的失眠症。加上每日应付客人讲太多话，明显元气大伤。

他问我怎么办，有没有什么好的方法让她入眠。

我也是多年失眠患者，按穴、静坐、数羊……能做的我全都试过。以我的经验，睡眠一定不能少了香，没有香的配合，人最终无法控制活跃的大脑。

檀香、沉香，都是平心静气、降气温中的好香料。晚上在睡觉前，只要能点上一炷香，心绪立刻能安静下来。

除此之外，我还告诉朋友，可以让他的女朋友尝试一下藏香。我曾在一个藏香的宣传视频中看到，上好的藏香以沉香为主，加上其他香料，可以帮助常人检测身体。正常健康的人，可以在香中品出酸、甜、苦、辣、咸五种味道。五味分别对应着五脏，如果你品不出其中一种味道，这个味道对应的部分则证明出了问题。比如，酸对应着肝；甜是脾胃；苦是心；辣是肺；咸是肾。

在《遵生八笺》中，高濂记载着一款叫作馥齐香的香，这款香出于波斯国，香气入药，可治百病。事实上，在古代，香除了能品能闻，还能调节心神，治病入药。

我身在都市，整日忙于工作，身体严重亚健康。自从知道香有治病疗效，便与香结下了不解之缘。从入手线香，到入手沉香、檀香原木，再到今日四处寻找香方，对香的喜爱更深了几层。

无论走到哪里，我的包包里永远放着一小管线香，那香手指长短，似一管口红，真是便捷又文艺。我与那位画家一样，无论走到哪里，都会点烧一炷香，随时让自己置身于熟悉的环境中。

因为我知道，这个味道是我的，我不受别人的入侵。

除此之外，我还享受手忙心闲的乐趣。比如，写作写到累，但还必须坚持完成工作的时候，我会先点上一炷香，让香来帮我调节心神，好恢复气力继续写作；有时，也会文艺一番，品香喝茶读书，享受片刻宁静时光。

谁说停下来，就一定意味着什么也不做？停下的是神，忙的是手；停下的是心，忙的依然是手。

似停也不停，不停也停了。

繁忙都市中，假如，遇到了香，当自得之，并得之一生。

袅袅檀香，最见更好的自己

几乎每一个人，对檀香的味道都是熟悉的。就算没有任何宗教信仰，不会焚香上供，也一定闻过寺院里飘出来的檀香气味。

檀香可分为白檀、黄檀、紫檀等品种，佛家谓之“旃檀”，居有“香料之王”的美称。它气味辛、温，属阳中微阴。它能消风热肿毒，治中恶鬼气，杀虫，还可煎服，治疗心腹痛，霍乱肾气等病症。

当檀香成为佛家用香,许多没有宗教信仰的人便远离了这种香料。身为都市女性，更喜欢的是花香，或各种香料精油调配出的香水味道。每次走进地铁，缓缓飘进鼻息的一定是各种香水味，或浓郁，或淡雅，或热烈……这没什么不好，就像都市中的豪车洋房一定不是坏的，只是它背后往往带着某种躁动，总是无法让人沉静下来。又或者说，像这城市里的钢筋水泥，把天然的土地包裹在水泥之下，令人的心也变得麻木了。

很多人说，我身体很好，常年不感冒发烧，甚至吃喝各种生冷食物也不会闹肚子。他们一直为有一个硬朗的身体而骄傲，事实上，从中医的角度讲，这个人的身体要么完全健康，要么已经变得没有知觉了。这不是健康，而是麻木。身体越是不敏感，我们越是敢于折腾，只是，折腾的结果是，总有一天它会带来报复性的伤害。

朋友的父亲得了癌症，去医院拿化验单时，一位年轻的小伙子插队了。朋友本想冲过去骂他一通，却听到医生说："小伙子，回家吧，该吃吃，该喝喝，不用住院了。"

小伙子说："那总要给我开点儿药吧。"

医生摇了摇头："该吃吃，该喝喝，不要有遗憾，不用开药了。"

一时间，朋友心变得抽痛，怒气也消散了。他这么年轻的生命，竟然活到了该吃吃、该喝喝的境地。朋友为父亲悲伤，可他更为这小伙子难过。一个人，究竟有多不爱惜自己，身体有多麻木，才能在去医院检查的时候，已是癌症晚期。

我们生于大自然，是大自然中的一个生物，我们体内的天性与自然更为亲近。有一位中医说，为什么小孩子爱玩土？因为土属脾胃，小孩子的脾胃脆弱，天然地对土感兴趣，这是本能。如果你的肠胃不好，可以去郊外走走，多看看土、摸摸土，肠胃病就能得到缓解。

我肠胃一直不好，吃得少，对美食的欲望不是很强烈。听了中医的话，写作累了的时候，便去小区周边的公园里看土。

公园里有大片树林，树林里种了绿色的草地，很美观，很环保；公园里栽了花，花丛密集盖住了下面的土地，那土几乎寻不见。土，本是常见的东西，如今却到了需要寻找的地步。

我穿过人们常走的一条小路，走到林子中间的一块洼地，这才遇见了土。这里不属于观光区，又相对隐蔽，所以公园里的工作人员放过了此地，没有给它铺上草坪。

我坐到地上一阵叹息。人们常说，现在的物质生活不知道优于古人多少倍，可是从中医和道家的角度看，当下的人活得一点儿也不高级。

物质的优渥不等于高级，高级更是一种天人合一的境界。我常说，现在有一部分人，还有辨路的能力，当GPS越来越发达，百年之后，假如出现一个辨路者，一定会被奉为“神人”，或者有特异功能的人吧。

相反，古人所讲的那些神秘玄妙的东西，事实上就如同我们百年之后看辨路者。不要因为我们先天灵性的退化而否定古人的灵敏，那些不是不存在，也不是神话，不过是人天生的本能而已。

身处繁华都市,我们的觉知力和感知力也仿佛涂了一层钢筋水泥。我们食不知味，须靠辣椒、花椒等作料刺激；我们听力减弱，在人群中听不见鸟叫虫鸣；我们视力模糊，看不到人身上天然真气层……

因为没有先天觉知力,便喜欢用刺激性的东西来让自己恢复知觉。身边吃辣椒的朋友，他们再也品不出水煮青菜的真味。在我看来，青菜是天然美味，在朋友看来，就是一团无滋无味的东西。

身体也是一样，在不断刺激下，变得越来越麻木，直到身体出现问题，才发现一切已经晚了。

朋友问：“难道人活着，就是为了吃青菜豆腐，住草屋茅舍吗?如果是这样，那活着还有什么意义？”

如果人活着，就是为了吃香喝辣，开豪车住洋房，那也没有什么意义。人活着，不是为了享受，亦不是为了吃苦，而是为了在生活中，获得真知、真味、真感受。去体验、去品味、去觉知，这一路的成长和收获，胜过吃穿奢靡。

我们每个人都有无法挣脱开的牢笼。为了学区房，为了孩子的教育，为了工作……我们不得不身处都市，远离自然。可是，也有一些方法，能帮助我们提升觉知力，恢复人类的天性与本能。比如，檀香。

檀香并非佛家专用香，常人也可使用。不过，用于调节心神的檀香，并非市面上香精调配的线香，而是用檀香原木制作出来的、香气纯净的香。

燃香如静坐，当香点上，人也便静了下来。有时候，生活需要一点仪式感，如果日常中，想让自己静下来，那断然是不可能的。借助香，借助它的香气，我们却能给自己放一个十分钟的小假。

写作累了，我会燃上一炷香，闭上眼睛，让纷飞的思绪沉静下来。有时，会注视着那星星点点的小火苗，作一种“观照”似的短暂修行。

很多人把一朵花、一炷香、一碗茶，看作生活的消遣。一个场景被布置出来，一碗茶端上桌，一炷香被点燃，也不过是一个又一个结果。比如，这个场景好不好看，是否文艺。就像写一篇文章，我们更看重的是一篇文章表达了怎样的观点，写得好不好，文笔是否流畅……其实，这是不准确的，因为我们忽视了在表达之前的感受。作者对事物、事件、生活有感受和感触，然后才有了想法，接着才有了表达。我们看似在喝茶、在焚香、在做一件好玩的事，并不是在去表演它的形式，而是在玩的过程中，恢复那份感知力。有了感知力，我们才能有独特的创造力，接着才能应用于工作和生活。

艺术家、作家往往会读书、喝茶、焚香，或有其他什么爱好。这些爱好并不是简单地附庸风雅，其主要目的，正是获得感知力。只不过，在玩乐的过程中，爱上了这些事物，变成了生活中的一部分。

诗人为一朵花写诗，为什么？因为赏花时，有了别样的情怀；茶人为茶著书，为什么？因为那茶里能品出真味，领悟禅意；佛家讲究燃香，为什么？是为了安定心神，沟通天地，让你有静心的时刻……

《楞严经》云：“白旃檀涂身，能除一切热恼。”可不，安静了，哪儿还有热恼。

去茶城喝茶，二楼的拐角处，徐徐飘来檀香的香味儿。我闭目一闻，那香纯净无烟，似电炉将檀香原木烤制出的香气。

一瞬间，如同找到知音，那茶不用喝也知味了。

做一个沉香女子

相比檀香，更喜欢沉香。不过，沉香价格昂贵，一般人很难消受得起，因此，多数情况下，还是檀香使用次数更多。

可是，沉香越是昂贵，越能证明它的价值和稀有。即使囊中羞涩，仍然不减对沉香的热爱，无论线香还是手串，总要置备一些来把玩。

结识沉香，源于同事。他是一个木头爱好者，小叶紫檀、黄花梨、绿檀、檀香、沉香、崖柏……只要是木质结构的手串，他都会买来盘。起初，他玩一些做好的成品，随着越玩越多，口袋里的钞票越来越少，便开始买原木，找人代加工，这样能省下不少费用。

自从他买原木，整个办公室的人一时间统统对手串有了兴趣。不管自己懂不懂，就想着让他做个满意的手串，好让自己的手腕不空，手指不停。当然，我也不例外，也成了手串爱好者中的一分子。

我的第一个手串，是同事檀香原木做的檀香手串，第二个手串，便是原木做的沉香手串了。因为沉香过于昂贵，同事特意为我选了结香的树枝，并将树枝切成小段，然后做成了一个手串。

在沉香里，这样“粗糙”的造型并不少见，所以，它的价值仍然存在。随着沉香价格水涨船高，如今，这样的料子也价值不菲了。

先生喜欢这个手串，经过拿来把玩。沉香的味道低沉内敛，需要将木头放到鼻尖才能闻到香味。随着盘戴的时间，它的味道不仅不会淡化，反而会因人体体温让味道变得浓郁。除此之外，它还会随着把玩的时间，颜色变得越来越深，越来越有质感。

檀香相反。檀香新料香气高扬，随着佩戴的时间，它的味道会变得越来越淡。而且，它经不起把玩，你用手去盘，它的香孔便会堵住，再也无法释放出香气。我的一位同事不懂檀香，将手串盘了个把月后，成了一串不带香气的木头。

有时我常常想，多少女人似檀香啊！花季少女，青春靓丽，似那檀香的新料，一切都是新的，前途无限。随着时间的流逝，结婚嫁人，成为一位不修边幅的妇女，那是包浆后的檀香。时间再久些，成了老太婆，老公不疼，子女嫌烦的人了。

女人的一生，似乎只有青春年少这一段时间，一旦步入婚姻，很容易自我放弃。不读书、不养性、不品味生活，只懂得顾家、顾男人、顾孩子……表面上看来，这就是自己的价值，其实，在别人心中，早不是当初的自己了。

聪明的女人，更愿意做一个沉香女子。年轻时，她们不张扬，看起来也其貌不扬，可是她们知道，随着时间的流逝，她们的价值一定会被挖掘出来。她们或有一技之长，或读书习字，或热爱生活活成期望的样子……时间在她们身上停留得越久，价值越是水涨船高，味道也越来越浓郁芳香。

檀香女子，只需要忙碌家庭、先生和孩子就够了，就像檀香只需要时间来沉淀它，有时间这一件事就够了。而沉香，除了时间，还需要把玩，才能让它越来越好。这正如沉香女子，除了应付家长里短，还必须花时间和心思去做让自己更有价值的事。

多了一道工序，就变成了另外一种人。

我常常跟先生讲，不管你赚多少钱，这都跟我没关系。人不是有了钱，就可以彻底吃喝玩乐了，而是无论有钱没钱，都该去成全自己，完成自己，做到自己想要成为的那个人。

我们活一世，难道只是为了赚下几套房产，生下子女，然后养老带孙子吗？不，不是的。这只是我们人生中必须要去面对的其中一件事而已，而我们人生的主色调，一定是做到那个你想成为的自己。

钱可以买来物质，但能力终究需要你自己努力。巴菲特说，要选择那些“雪道”够长的公司，像滚雪球一样，持续做，总能做出一些成绩来。

换句话说，要做一个“雪道”够长的女子，像滚雪球一样，持续地坚持一件事，你的价值总能随着时间而凸显出来。

我们每一个人都喜欢待在有阳光的地方，如果一个人很阳光，我们自然愿意亲近。我们一直在想，要与谁交往，不与谁交往，喜欢谁，不喜欢谁，要不要选择这份工作，却忽略了，我们自己是一个怎样的人。

这并不是说，你要在乎别人的看法，而是你要明白，当你选择别人的时候，别人也在选择你。而获得他人喜欢的方式，不过是你越来越有价值，像阳光一样，可以温暖别人。

忘记了谁说过一句话：我喜欢这样的人，他可能并不成功，但一直有一件事默默地做着，做了一生，修炼了一生，这时的他，成不成功没有什么分别了。

成功与否，有时还需要运气，能力强大与否，靠的是努力。不管成不成功，有价值就是有价值，就像那些隐蔽起来还未被发现的沉香木头。它在那里静静地结香，不为等谁，也不是为了被拿到市场上去售卖，只为想要成为最好的沉香。

办公室是最好的静心道场

许多年前，我认识这样一位女子。

她是报社的编辑，工作有时忙碌有时轻松。忙碌时，她没日没夜地加班，不忙碌时写点儿稿子，赚点儿稿费。

我们既是合作关系，又是文友关系，接触得多了，就变成了无话不说的好朋友。她工作忙碌时，没时间读书，也没时间去思考关于写作的事，等到了闲暇时间，却发现有时一个字也写不出来。

她向我倾诉，我也不知道该怎么办。那时，我也是一个整日写不出东西的小写手，对于朋友的倾诉，只能与她抱头痛哭。

为了解决写作问题，她周末报了茶道、香道、花道班，而我去了一家出版公司上班。我的工作越来越忙碌，白天除了写稿子就是写稿子，晚上回到家早已累得不想动弹。唯一轻松的时光，便是坐在公交车上或地铁上的那段时间。

偶尔与朋友交流，发现她变得越来越有条不紊，时间仿佛一下子变得多了。周末要上三个培训班，难道不该越来越忙碌吗？

朋友说，许多灵感都是在她上课时产生的，她在学习过程中发现，原来自己的忙碌，只是因为不静心。

当一个人无法静心，时间就仿佛长了翅膀，从自己手中飞走了。

她去上课，需要将手机关闭，也必须沉静下心来，好好地泡一杯茶、品一炷香、插一束花。有一次，她一边上茶道课，一边想工作的事，结果让开水烫伤了手。从那时起，她才知道专心的重要性。

我说：“可是你的灵感不是那个时候产生的吗？没有思考，又如何产生灵感？”

朋友回答我说：“不一样。这些灵感不是思考而来，而是静下心来以后，它自己从心底跑出来的。”

那些课程让朋友受益颇丰。在她即将毕业的时候，老师特意为他们开了三节课，希望他们能感受到静心带来的变化，以及静心的法门如何应用到职场、生活、学习中。

老师因材施教，让他们在课堂上做两件事。一件事，是能让他们成长的事，读书、听课，或其他提升自己的事；另外一件事，是让他们在课堂上工作。

朋友在课堂上，用半个小时把一本书读去了三分之一，用另外的半个小时，完整地构思出了一篇文章。仅仅一个小时，竟然做了平时半天需要完成的工作，她被这个结果吓到了。

老师解释说："静心泡一杯茶容易，因为把工作和生活扯脱了，就像读一本书容易，把书里的知识应用到生活中却很难。所以，静心的益处，必须在工作和生活中亲自去体会，才能明白其中的意味。就像你亲自去经历了一件事，才对书中的道理有感触。"

关闭手机，深吸一口气，等着自己安静下来以后再投入工作，胜过稀里糊涂立刻展开工作。没了手机的打扰，任何一个人在一个小时里，几乎都能完成平常三个小时的工作量。朋友的时间也变多了，读书写文章的时间变多了，喝茶静坐的时间也变多了。

不管我们多么不愿意上班，每天至少要与它相对八个小时。与其按秒度日，不如让工作来滋养自己。我们在工作中，练习静心，练习专注力和自律，这样才能让我们活得更加有质量。

道理每个人都懂，可做到确实很困难。我们明知道手机带来的危害，可还是不愿意放下。因此，在静心之前，必须借助一个道具，这样才能让我们投入到另一个情境中。这个道具就是：香。

你可以在办公室里燃一炷寸长线香，檀香、沉香都可，用十分钟的时间让自己的心慢慢地静下来。之后，尽量做到半个小时内不被手机干扰。为了做到自律与专注，你可以把手机交到同事手上，半个小时后再把手机要回来。通过慢慢地训练，再把时间延长到 1 ~ 2 个小时，这时你会发现，其实完成一件工作十分简单。

如果把工作仅仅当作工作，便失去了它的意义。我们明明可以借助它提升自己的心力，为什么要放弃修行的机会？心强大了，无论做事，还是生活，抑或遇到坎坷，我们都能比常人更有忍耐力，让自己多坚持一分钟。

如果你觉得燃香会打扰同事，或者怕被同事笑话，可以尝试购买檀香或沉香的手串、挂件、精油等，一样能起到镇定心神的作用。只要你想做，总能找到方法，如果你不想做，总有诸多借口。

有了朋友的方法，我工作的进度提升了不少。因为有了专注的练习，在公交车和地铁上时，我也能安心地读一本书，构思一篇文章。我的某个剧本，就是利用路上的时间构思而成。当我把它写下来的时候，仅仅用了一天，一万多字的故事便跃然纸上。

我还认识一个姑娘，她是地道的斜杠青年，她会弹钢琴、画画、写作、书法、泡茶……她在这些领域并不是简单地涉及，而是每一项都达到了专业级别。对于她来说，这些都是她的童子功，她理应做得很好。

我问她："你不过三十岁的年纪，如何这样有成就？"

她说："别人的父母从小到大逼着孩子学习，我的父母只逼着我练习静心。当我的心静下来，做任何事都没那么痛苦了。小时候我不喜欢钢琴，也不喜欢书法，每次我叛逆地不肯练习时，妈妈就试图让我安静下来。没了情绪的干扰，做也就做了。"

度过了枯燥的技能练习期，当她能弹一首像样的曲子，写出一个像样的字时，她对音乐和书法变成了真正的热爱。那时，即使妈妈不再逼她，她也愿意主动去训练了。

世间万物虽各有千秋，但做任何一件事的法门都没什么不同。都需经历喜欢、枯燥、枯燥、枯燥、热爱，这样的步骤。写作如此、弹琴如此、画画如此，工作也是如此。

当你初入一个行业，抱着兴趣投入进去，一定会有诸多新鲜感，接着便是枯燥的重复，你只有在重复中不断进步，达到一定层级时才能真正发现它的好，变成真正的热爱。

任何一个你讨厌的工作，都有可能变成你喜欢的事业。无论我们做喜欢的事，还是不喜欢的事，“枯燥”是一个必须经历的过程，既然如此，不如静下心来，一步步地往前走，走到“极乐”的部分。这时会发现，你的世界里，欢喜的事情越来越多，枯燥的事情越来越少。

修行是什么？修行不是让我们去享受一切，而是在修行的过程中，把那些不快乐的时光化解掉，使之变成快乐的时光。

心有闲情，何处不能归隐，心能安静，做何事不是做？

不与谁争艳，那香只为自己

提到香，多数人脑海里会不由自主地蹦出香水。

确实，与线香、手串、挂件等香料相比，香水是使用繁多，几乎每个女人都用过的东西。它如此平常，平常到一瓶不够，一种味道不够，需要多瓶来装点自己。

多年前有一次过生日，先生偷偷地为我买了雅诗兰黛香水作为礼物。当我打开包装的一瞬间，如大多数女人一样感动到想要哭出来。那时，我们并不富裕，一瓶雅诗兰黛的香水虽然不算奢侈，但到底是一笔不小的支出。

女人们常说："男人爱不爱你，要看他舍不舍得为你花钱。"他舍得花钱，只要我想要的东西，他愿意倾尽所有。

不过，这份心爱的礼物似乎并没有发挥它的价值，我使用了几次之后，它就被封存在了抽屉里，从此再没见过天日。我以为是味道不适合我，后来我自己也购买过不同味道的香水，但它们的命运与这瓶一样，都被冷落在了抽屉里，原来，我并不喜欢香水。

香，虽是缥缈无形的东西，却能令人陷于丝丝馨香之中。它能愉悦身心、陶冶灵性、通鼻开窍，可谓妙用无穷。《道林·格雷的画像》这本书中写道："他现在要研究香水及其制作的秘密，蒸馏从东方运来的带有浓郁香味的树脂，他发现感官方面有什么感受，精神上就会产生相应的情绪。""他了解，在感官生活中必定有心灵的对应之物，也令自己去发掘两者的真实关系，并揣想：是什么样的成分，使得乳香将人变得神秘，龙涎香激起激情，紫罗兰唤起逝去的浪漫，麝香叫人意乱情迷。"

不同的香水味，代表着不同的情绪；不同的品牌，也有着独特的味道。有人喜欢香奈儿5号，有人喜欢圣罗兰的反转巴黎，还有人喜欢阿玛尼的寄情水……

生姜、胡椒、动物香、鲜菠萝、茉莉、紫罗兰……只要带有气味的东西，无一不能入香。然而，那调配出来的香，始终带着勾人的情欲，热情的奔放，感官的刺激……即使淡雅如水，一丝香气入鼻，心神也追着那香气走了。

在中国古代，香是用来调心神、消困倦、清身心、提升品格品位的物品，它是一种精神气质，也是一种人文文化。孙枝蔚在《溉堂集·文集·埘斋记》中写道："时之名士，所谓贫而必焚香，必啜茗。"郑板桥题诗云："茅屋一间，新篁数竿，雪白窗纸，微浸绿色。此时独坐其中，一盏雨前茶，一方端砚石，一张宣州纸，几笔折枝花。朋友来至，风声竹响，愈喧愈静。家僮扫地，侍女焚香，往来竹阴中，清光映于画上，绝可怜爱。"袁枚焚香读书，迟迟不肯睡去，夫人含怒将灯夺走。他在《寒夜》中曰："寒夜读书忘却眠，锦衾香烬炉无烟。美人含怒夺灯去，问郎知是几更天。"

那时，香已渗透到生活的方方面面，而中医大夫更是喜欢用香来医治病人。令人遗憾的是，香在今天成了装饰女性和男性魅力的物品，不再与人的精神相关。当心神追香而走时，香不再养人，而是人养香了。

物，最终目的是为我所用，而不是人去养物。尽管一个人会花时间养一块玉，但终究是为了玉养人；人也会花心思去盘手串，也不过是在把玩中调养身心；还有的人会养一把壶，这也是告诉自己，凡事不可急，一切要慢慢来……

以物悟道，是中国文化传统的一部分，但是我们今天都丢了。

人们常说，当下社会过于浮躁，人们总是静不下心来。是的，聪明如这位观察者，对人或事总能指点一二；愚蠢也如这位观察者，点评完还不是该浮躁浮躁，自己也不能静心吗？

生活里，几乎每一个人都是评论者，这没什么新鲜，难得的是你能换个角度，热爱它，喜欢爱它，把生活过出真味。真味不是一种形式，也不是喝了一杯茶，焚了一炷香，更不是案头多了一束花，而是我们拥有了什么样的价值观，才能让我们活得越来越好。

某位作家说：“宇宙观是人类应当培养的第一大观，宇宙观主导世界观，世界观主导人生观，人生观主导价值观，没有宇宙观，一切价值观都没有源头。”

同样，不了解真味的含义，无论喝多少茶，燃多少香，它都永远只是附庸风雅的形式。而我们要做的，是挖掘这些人的精神，找到他们的宇宙观和世界观，让我们像他们一样，变成有真味的人。只有这样，我们才能从源头中找到自己的乐趣，活出自己应有的模样。这时，你的生活不是模仿别人，而是按照自己想要的样式去活。

朋友是一个旅行爱好者，她把自己一路上经历的故事，还有旅行时的经验写成了一本书。读者读完她的书后，有的开始尝试她走过的路。她一路走，一路成长，在旅途中遇到未知的自己。她的读者读完书后，也开始了漫长的旅行，却写信告诉她，她的旅行并不开心，也没有书中写得那么好玩。假如，这位读者有朋友的心态，有她看世界的角度，即使这位读者不去旅行，在生活中也能遇到未知的自己，依然可以活得好玩和快乐。

还有的人，喜欢一切品牌，喜欢购物的快感，然后对物质便有了更多强烈的欲望。当别人拥有某个新潮的服装、口红色号、包包、鞋子时，很容易立刻想要拥有。于是，自己慢慢变成了一个被款式、颜色、大小绑架的人。

常常有人问我，你为什么喜欢香，喜欢茶?

我的回答是，它们起初并不是我所爱之物，遇见茶，因为人会困，我需要茶提神；遇见香，是因为我睡眠质量差，有了它能让我平心静气。当我写作累了，我会喝一杯茶，也会燃一炷香，这不是为了表演给谁看，而是我需要放空大脑，好让接下来的工作更顺畅。

时间一久，才变成了爱，变成了生活方式。

与其用香来提升自己的魅力，不如用香来缓解午后的困倦、一天的劳累、身心的安宁。那荷包里的香料，可能不如香水浓郁，也无法被旁人所感知，但这又有什么关系，那香只为自己。

周末的午后，剪几块亚麻布料，画一个心爱的图形，用丝线缝出一个别样风情的荷包，将喜欢的香料放入荷包中，便是一个提神醒目、调节身心的好味道。它带着你的温度，有着你的喜好，在这繁华都市中，倒是活出了一番自己的味道。如果你喜欢香，可以深入地去了解它，了解每一款香的气味、特性等。当然，还可以按照古人的香方，制作出符合自己气质的香。

汉代有郑玄辑的《汉宫香方注》；隋朝有杨广编写的《隋炀帝后宫香药方》；南朝范晔撰写了《和香方》；北宋颜博文撰有《香史》……任何一门文化深入进去，都会变成一门有趣的学问，重要的是，我们愿意在生活中抛开手机，去玩更有深度的事。

你就是你，应该去成就最好的自己。

另附古人香方三种：

《新纂香谱》之定州公库印香：

笺香一两、檀香一两、零陵香一两、藿香一两、甘松一两、茅香半两、大黄半两，杵罗为末，用如常法。凡作印篆，须以杏仁末少许拌香，则不起尘，及易出脱，后皆仿此。

《新纂香谱》之汉建宁宫中香：

黄熟香四斤、白附子二斤、丁香皮五两、藿香叶四两、零陵香四两、檀香四两、白芷四两、茅香二斤、茴香二斤、甘松半斤、乳香一两（别器研）、生结香四两、枣子半斤（焙干），一方入苏合油一钱，为细末，炼蜜和匀，窨月余，作丸或爇之。

《遵生八笺》之玉华香方：

沉香四两、速香（黑色者）四两、檀香四两、乳香二两、木香一两、丁香一两、郎台六钱、唵叭香三两、麝香三钱、冰片三钱、广排草（出交趾者妙）三两、苏合油五两、大黄五钱、官桂五钱、黄烟（即金颜香）二两、广陵香（用叶）一两。

上列香料为末，和入合油揉匀，加炼好蜜再和如湿泥，入瓷瓶，锡盖蜡封口固，烧用二分一次。

低头做一个讨好生活的小玩具

每年春天，老家的庙会都会如约而至。往年，那些有爱心的老人会义务地在村子里挨家挨户收为庙会捐助的钱。今年，除了村子里的村民捐钱，在外工作打拼的年轻人通过微信群，也组织起了爱心捐助活动。

有了年轻人的帮助，村子里的庙会着实热闹了些，有了舞狮子、唱戏、唱歌、杂技等节目表演。这些节目可能在电视里见过无数次早已不再新鲜，但能通过村民组织，自己花钱去请表演者，就显得有成就多了。村民们看重的不是节目好坏，而是精神上的一种满足，更有所有村民团结一致的感动。当感动和满足大于利益的时候，人们才愿意将此传统传承下去，一棒又一棒地交到年轻人手中。

村子里亲戚有了事，或者相处得不错的邻居有了事，我一般愿意从北京赶回老家，为他们做一些力所能及的事。每到这时，总会被先生抱怨，他常常质问我："这些人跟你有什么关系？"

除此之外，身边的朋友也会认为我得不偿失，他们会说："为了他们耽误了写稿子，没必要。"

在当今社会，只要有钱什么问题都能解决，确实不再需要人情世故。有利用价值的人便彼此往来，无价值的人没必要浪费时间，这就是今天的价值观。因为是互相利用关系，等你没价值的时候，他们也会把你一脚踢开。

人们常常抱怨世态炎凉，遇到困难时无人帮助，可是，只想着互相利用的人凭什么要拿出自己的利益去帮助弱者？不帮助，才是正常，帮助那叫仁义。正因为懂这个道理，所以才更珍惜老家人的朴实，珍惜他们愿意为了一件事付出的时间、金钱和情感。

一个人遇到的困难，有时候需要的不仅仅是金钱，还需要心灵上的慰藉。当他们孤独一人面对病魔、面对生死时，有了许多人的关心与帮助，才更有勇气去面对那些困难。我很庆幸，村子里这种团结一致的传统在我们这一代人的手里没有丢。

自媒体这阵风刮起后，有一种理念十分流行，几乎传遍了每个人的朋友圈，那就是，时间比金钱更值钱。人们珍惜着时间，为了自己的事业打拼、努力，为了家庭付出一切。在这个挤满人的大都市中，我们明明应该活得活色生香，可是我们每个人都很孤独。

一扇门，一个世界。人们练习独立，练习在这个冷漠的世界里活得深情有温度。之前，人们把这种温暖的给予期望在他人身上，如今，人们更希望是自己给予自己。

女人想要独处，男人想要逃离家庭喘口气。据说，未来的社会是以每个人为单位，不再以家庭为单位。我们都是社会中的一分子，任何一个人都不可避免地被卷入大势的洪流中，变成一个个独立的个体。

当世界越来越孤单，人越来越孤独，一个人的时候我们到底能做些什么？玩手机、打游戏、看电影、睡觉……

朋友是公司售后部主管，平时工作忙到没有吃饭的时间，每次到了周末，她一定会睡个昏天黑地，好让自己有精力应付下一周的工作；另外一位朋友在事业单位，工作稳定，家庭条件优渥，每次过周末不是去逛街就是在家玩手机；还有一个朋友，更喜欢把周末时光交给一本本书，她做创意工作，即使周末也无法做到完全休息……

除了睡觉的朋友外，无论读书、看电影，抑或逛街，都会让自己消耗太多能量。尤其玩一天手机的人，你会发现玩完之后，大脑空空如也，除了一身疲惫什么也没留下。等自己投入到下一周的工作中时，只觉得什么也做不了。

周末，原本是一个高质量独处的时间，我们却让这段宝贵的时光无端浪费了。在游戏、玩耍中，我们不仅没有变得越来越好，而是变得精神涣散，注意力越来越难以集中。与其长期做没有意义的事，不如把这段时间交给手艺，来积累自己的能量，获得新生。

专注于一门手艺，如同静坐，做和坐，重要的不是一个是动态，一个是静态，而是在专注中让自己的心静下来。在坐禅中，同样亦有动中禅和静中禅之分，因此，可以把手艺的专注，当作动中禅的修行。

静坐十分钟，相当于休息半个小时；专注手艺十分钟，同样也能达到能量积累的过程。在这个烦扰孤独的都市里，我们有太多的时间一个人独处，所以，一个人的时候，我们应该去做滋养自己的事。

朋友是人事部总监，周末的时光也交给了工作。她很忙、很累，但只要有空，就会静下心来做篆刻，有时只能刻几刀，但总能在短暂的手艺时光中，恢复自己的能量；好朋友的女儿读高中，即将高考的她每天压力巨大，为了缓解自己的压力，她每周会抽出两个小时刻橡皮章，有时会刻一个喜欢的动漫人物，有时是一只猫，还有的时候就干脆在橡皮上画一画，也能起到缓解大脑的作用。

身为一个脑力工作者，大脑常常感到疲惫，朋友把大脑休息的方法告诉我后，我立刻买了一些檀香、降真香和沉香原木。我把这些香料锯成小块，学习制作可爱的木制小玩具。无论做得成功与否都没有关系，因为木屑可以打成粉末用来做香，一点也不浪费。

我在众多材料中选择了香木，原因是可以一边雕刻，一边品香，两者兼得。香是消耗品，用完了总要买，所以也并没有亏多少。

有时候，学一门手艺，人们更希望有所成就。当一件事情有了一个期待，渴望一个完美结果时，手艺会成为自由的障碍，当然，这并不是说，要大笔一挥去学习表面的潇洒，而是要知道我们的目的是什么。

当下，这是一个自我消遣的过程，我们在这个过程中积累能量，提升技艺，用更精进的态度去对待就够了。当它成为习惯，成为生活的一部分，时间自然会赋予它更多的成就。

夏洛蒂·勃朗特在《简·爱》中说：“我越是孤独，越是没有朋友，越是没有支持，我就越尊重我自己。”

在孤独中，我们理应尊重自己，滋养自己。不过，也不能忘了，在这个世界上，更难得的是深情和浓厚的情感。

亦舒说："稍有生活经难的人都渐渐知道，人生路上，原来至多的乃是名与利，最罕见的，是良辰美景。"

人生至多的是冷漠与孤独，最罕见的是亲情的温暖、陌生人的帮助。当外界不需要我时，我会静下心来做一个讨好自己的小玩具；当外界需要我时，自己又算得了什么？

先生说："不是所有人都值得帮助，人心太坏，说不定会背后插刀。"

伸出援手，不等于爱心泛滥，也不等于不懂识人。如果自己没有识人的能力，任何一个你认为的朋友，都可能背后插刀。如果懂得识人，那么他们一定是值得去帮助的人。我们担心的不该是受者会不会报复，而是应该去提升自己的能力。

窗外一片天，窗内一片天，推开门，少不了人情世故，关上门，少不了滋养自己。我们的生活是由两者组成，少了哪一种人生都不会圆满。

我把村子里的事告诉了一位朋友，他听完后羡慕地说："现在这样重情的村庄少了，要懂得珍惜。"

是的，这是良辰美景，与窗内的小天地没什么不同。不是我去雕刻光阴，也不是我们去伸手帮助他人，而是，他们雕刻了我们的心，让我们变得越来越好了。

无香不写字

《菜根谭》有云：“千载奇逢，无如好书良友；一生清福，只在碗茗炉烟。”意思是说，人生最得意的收获是书和好友，人生中最大的清福就是喝茶和拜佛。

一个人最大的福报，在普通人看来是名与利，但南怀瑾先生说，比获得名利更大的福报是清福。

越是有钱人，有能力的人，越是难享清福。他们一刻也停不下来，即使人在休息，大脑也在时时思考。笛卡尔说：“我思故我在。”当一个人不再思考时，与死亡又有什么区别？我的一位朋友整日抬头思考，埋头读书，在他看来，只有不断思考才能证明自己活着。不过，佛陀又说：“诸行无常，一切皆苦；诸法无我，寂灭为乐。”

当一个人欲望被灭掉，人们会觉得，这样的人与死人没有区别。事实上，灭掉欲望才能破除我执，感受到无欲无求带来的快乐。这并不是说，你一定要去穿破衣，吃粗茶淡饭，住茅屋草舍，而是没有了好坏观念，住在哪里都能从容自若。

众所周知，沉香贵如黄金，身为普通人的你我，哪里能消费得起。就算手有余货，也不过是心血来潮，偶尔燃之。多数时候，陪伴我们的是普通、日常能消费得起的物品。如果我们不幸被欲望吞噬，追求高价沉香，那么我们连品檀香的愉快也失去了。

破除我执，不是不让人去追求更高更好的一切，而是追求不到的时候，是否能享受清闲的一刻，而不是心心念念地整天想着得到。

在今天，主要是眼睛的社会，我们看手机、看电脑、看电影……眼睛使用的频率次数太多。当某一个五官释放太多能量时，其他的感官就极少得到滋养。在古代，古人会滋养五官，人们听曲养耳，闻香养鼻，赏花养眼，吃食养口，闭目养心。

忘记了谁说过一段自己的经历，有一次，他不看电视，不玩手机地吃了一碗米饭，细嚼之后，发现米饭是酸的，而馒头，则品出了甜味儿。试问，我们多久没有好好地吃一顿饭了？米饭是不是酸的呢？

在许多文章中，经常会看到关于时间管理类的文章，在时间管理方法上，很多人更趋向于听着英语做家务；吃饭时听课。这些方法确实节省了时间，但也让人们的心神变得不宁。

有句话叫：“魂不守神。”当一个人一心二用，比如做某件事的时候顺手做做家务，看似节省了时间，但时间一久，一定会魂不守神，慢慢地，你身体的心神会不知归向何处。

我们常常前一秒决定要做一件事，后一秒便忘记上一秒的事；我们好像在听音乐，突然就断片儿了；我们人在工作，心却想着晚上吃什么……

许多意外就是在忘记的空档儿、断片儿时发生的，等反应过来时，悲剧已然发生。人为什么要静坐，为什么要放下，为什么要闭目养神？

其实，就是为了让跑走的、不知如何安放的灵魂回到身体内。静坐、闭目养神固然好，但许多人并不能真正静下心来，去完成这样一件事。因此，我们应该在生活中培养自己的觉知，让自己的意识和心神统一起来。

吃苹果时看电影，苹果不会那么甜；吃香蕉时听音乐，听音乐也不会有多感动；喝水时聊天，也忽视了水也有它的味道……心神的统一，就是吃饭时，就好好地品味一碗饭；吃水果时，就好好地品尝水果的香甜。

在五官中，鼻子是最容易被忽视的一部分。我们嘴可以吃，眼睛可以看，耳朵可以听，唯独鼻子，却极少去养一养它。许多时候，它只是分辨事物香臭的一个器官，所有的味道都是被动入鼻。我们即使使用了香水，往往也不是为了调养身心，而是为了提升自己的品位。因此，在五官中，我们应该将鼻子重视起来。

有一年春天，不知为何很想吃酸的，于是，立刻去菜市场买了菠萝回来。当菠萝腌好入盘，香气扑鼻而来。我一边写作，一边闻着香气吃着菠萝，心情突然很愉悦。因为想吃酸的，便眼大肚子小地还买了一个未削皮的。等那个切好的吃完后，未削皮的怎么也吃不下了。

那菠萝在客厅里放了好几天，越来越香，我就这样伴着菠萝香写作，写得又快又好。有一天晚上，菠萝的香气缓缓飘进卧室，先生深吸一口气说："伴着菠萝香入睡，真是一种享受。"

此后，先生十分喜欢购买青皮菠萝，不为吃，只为闻香。桃子、香蕉、苹果等，一切有香气的水果，他常常买回家放在卧室和客厅，让香气充满每一个角落。

在《甄嬛传》里，细心毒辣的皇后怕后宫中有人用香害她，从不使用任何香料。但她住的寝宫里，一定有水果。

在古代，古人为了闻香，也会将当下时令水果摆放到各个角落，不吃，只为闻香。在他们看来，香能沟通三界，与三维之外的世界产生联系，因为有了香气，看不见的正气、阳气才能被调节回来。

现在的人越来越宅，缺乏运动的我们，身体早已虚弱不堪。前些年流行亚健康，专门指都市中的白领。当我们坐进办公室，人人亚健康时，原来的亚健康“患者”，不知道有多健康了。

今天的我们，身体越来越差。长久地不运动，宅在家中，晚睡晚起，正气和阳气就不能升起来。而香，具有扶持正气的功效。周末不想出门，也不想运动时，燃一炷香，或者插一枝花，抑或闻一闻果香，都能让我们的心情变得愉悦，让正气慢慢恢复过来。

不知道什么时候，北方的雨水越来越多了。从小在北方长大的我，无法接受潮湿闷热的空气。每次阴天下雨，心肺都会隐隐不舒服。此时，我会点燃一炷香，让整个空间变得不那么潮湿沉重。等祛除完阴湿，恢复好自己，再坐下来静心写作。

陈虻说：“不要在生活中寻找你要的东西，而要努力感受生活中到底发生了什么。”

每个人都说，要好好地爱自己。爱自己的方式是什么？穿高档衣服，吃美味的晚餐，戴有品位的首饰……这些都不是对自己好，一点也不是。真正地对自己好，是回归自己，感受身心的疲惫、痛痒，好好地保养，滋养。

站在道家的角度，每个人先天的精气神是有定数的，消耗得越多，人就越容易衰老。而我们要做的，就是让它消耗得少一点儿，省着用。平时保养它、关爱它，人才能活得有质量。

一个人活得有没有质量，与金钱无关，因为金钱买不来身心舒畅。真正的高级，是身心灵的愉悦程度。你可能会说，我身体挺健康，可因为没有钱，所以我不会感受到愉悦，只会感受到压力和痛苦。

人之所以是人，不是神仙，不是佛陀，就是因为还没有大圆满。既然不圆满，人生就总会有缺憾。如果你不因身体健康而愉悦，那么将来就算你有了钱，也会因为别人比你更有钱而难过。

庄子说："巧者劳而智者忧，无能者无所求，饱食而遨游，泛若不系之舟……"

我愿意做一个无能者，常常开心，吃饱就行。假如，还有能力赚来一炷香、一只菠萝，也会感恩上苍待我不薄。

无香不写字，细嗅，香无处不在。

器物：一种静默的人生态度

我养你，你养我

世间有一句情话十分动人，那就是“我养你”。不过，女人并不傻，不会真的相信男人会养她一辈子，但仍然会为这份心意而感动。

我也常常说“我养你”，不过，不是对男人说，而是对器物说。它们可能是一个白瓷品茗杯，也可能是一把紫砂茶壶，还可能是一个小小的插花瓶。

器物，是我们每天都要使用的工具，即使你不插花，不喝茶，也要用碗吃饭，用盘子盛菜。多年前，颠沛流离，一粥一饭只能凑合，当自己安顿下来后，虽然会静心地做一餐饭，但从来没有对盘碗在意过。

盘子和碗是超市里的打折品，筷子是最为普通的竹筷，对于经常吃的凉拌菜，更是用小钢盆凑合。这一切，我从没有想过有什么问题，因为身边的人也在这样生活着。

前两年自媒体崛起的时候，我也加入了自媒体大军。在那个行业里，我认识了许多自媒体人，他们是私家健身教练、音乐电台 DJ、美食达人……

我的世界一下子变得丰富了。看了他们的朋友圈，我认为自己活得有点糙。我那位美食达人朋友，喜欢各式器物，一碗一盘都是精心挑选的，她甚至为不同的菜、汤、饭，配置了不同的器物。每到周末，她和老公就去外面采购，有时还会在网上淘货。

每天早上，她被一份精心制作的早餐唤醒。吃完早餐，她和先生一起做中午便当，一份牛肉炒饭配上煎蛋、柠檬、西瓜、玉米粒、西蓝花，看着就有了想吃的欲望；他们还会做炒面、咖喱饭，以及做不同的菜配以白米饭。

晚上回到家，两小块牛排、一小碗鸡汤，或者一碗清粥配小菜，因为器物不同，普通的小菜都变得有了味道。每次看她发朋友圈，都是一种视觉上的享受。

有一次，我把她的照片放到了自己的朋友圈，并在朋友圈里说：

“这才叫生活。”我以为，朋友会跟我有一样的共鸣，谁知，大部分人的回复是：美图，谁不会。

我与朋友分享的是一种精致生活，而朋友看到的，只是一幅幅无用的图。这些人可以 PS 图片，但却无法 PS 别人的人生。

受朋友影响，我买了心仪的汤盆，喜欢的盘子和碗，生活随之也发生了变化。先生更喜欢做汤了，而我也更愿意做菜了。那时，我和其他人一起合租，做饭时，合租的朋友看到我的盘子突然眼前一亮，说它真的太美了。我把一份简单的番茄炒蛋装到盘子里时，他说：“有了这样的盘子，最普通的菜也想吃了。”

他问我盘子的价格，我给他说不过几十元，他听完略有遗憾：“怪不得好看，还不是因为贵。”

可是，一只盘子只要不出现意外可以使用一辈子，除非你想要丢弃它。几十元，可以让我们的心情和生活变好，我始终认为是值得的。但我知道，许多人仍然不愿意丢弃自家碗筷，专门花钱去买那些心仪的器物。除非家中盘碗不够用了，或者碎了，才会想着再购入新的。

除了每天必吃的饭，我还爱喝茶，每天都喝。泡茶，是一个技术活，如果不会泡，茶汤就会不对味儿，如果对器物不熟悉，很可能会被开水烫着手。为了泡一杯好茶，我用廉价的盖碗练习了整整大半年，最终它还是在我手里碎掉了。

后来，我买了多只盖碗，各种容量的都有，它们明明已经够用了，可我总觉得少了些什么。看到身边的朋友养壶，养上等好瓷的品茗杯时，我突然发现，原来少的是价值。

如果饭必须吃，茶必须喝，我们除了要吃干净的蔬菜，喝好品质的茶外，也理应配上好的器物，让它们陪着我们一起成长。

一只盘子、杯子、壶，很可能会陪伴我们一辈子。它们能见证我们的成长、喜好、性情等，等它们的身上蒙上了岁月的痕迹，我们也随着时光老去了。

一件品质不佳的器物，会随着时光的打磨和使用，变得旧不如新。相反，一件品质上乘的器物，会随着时间的精心养护，变得越来越温润，成为一件越老越美的“老物件”。它褪掉了火气和贼光，像青年人褪去满腔热血，变成了一位温文尔雅的谦谦君子。它摆在那里，带着静气，宛如一件艺术品。

一个人，年轻的时候，喜欢钻石、手表、铂金，一切闪闪发光的东西。到了一定年龄，又开始喜欢有静气，朴素的玉、老银、翡翠、玛瑙。

土陶、坭兴陶、紫砂，越是亚光的器物，越会爱不释手。当然，也喜欢钧瓷、白瓷、哥窑等瓷器，因为你知道，随着时间的流逝，你可以把它们养得符合属于你的气质。

我喜欢紫砂，有几把紫砂壶。最初购买紫砂壶时，确实需要咬一咬牙，可买回来以后才发现，一切都是值得的。一个月、两个月、半年……它在发生着变化，一点一点地越来越温润，器形也越来越完美。

一边喝茶，一边养壶，那茶从紫砂壶中缓缓流出，你就知道它又被滋养了一次。人们常说，是人在养玉、紫砂、木头，其实，它们也在养人。表面上来看，它是一个物品，除了被使用与人没有发生任何关系，但你用心地养它时，它感受得到，它会越来越有灵性，似乎能听得懂你的语言。

有人说，如果戴了多年的玉碎了，说明帮主人挡了一次灾难。虽然，这里面有玄学和故事成分，但滋养过物的人，都知道那是一种怎样的感受。

什么都是老了贵，你看，那宣纸也讲三年宣、五年宣，越老的宣纸，价值越高，因为褪了火气，写出来的字也静了；蜜蜡要老，几百年的老蜜蜡比新蜡价格高太多；就连艾草，也讲究三年艾、七年艾，越老的艾草，艾灸的效果便越好。有钱也难买老艾，因为少有人能把艾草放老。

存茶、存宣纸、存玛瑙玉石，养壶、养瓷、养手串，养自己。从时光的这头，养到时光的那头，等我老了，它们也就老了。

现在，它们都不值钱，也谈不上什么高价值，但是我知道，总有一天它们会在最隐幽的地方，闪着被时光浸染的光泽，懂眼的人一看，原来它可以对话。

这就是价值，就是知音。

慢慢地，一点点地存，不急不急，总有一天，你能在这样的空间里，长出属于自己的样子。

把壶都包浆

任何一个兴趣爱好，都是烧钱的。

就拿喜欢读书来说，一本书不过几十元钱，但购买成百上千本，就是一笔不小的费用了。就我自己而言，在书上花的钱，简直不敢细算，一算极恐。

有了书的陪伴，不由自主地会变得文艺起来。喝个茶、插个花，或某个午后冲杯咖啡，都是再平常不过的事。可这些一旦成了爱好，就会再一次变得吓人。

有一个朋友十分钟情于咖啡，她家里有各种款式的咖啡机，世界各地的咖啡豆。她冲咖啡的技术，就连专业的咖啡师都不及。她爱旅行，每到一座城市，先去当地的咖啡厅，品尝几杯销量极好的咖啡，以此来点评咖啡师的技术，或者提升自己的技艺。

还有一位喜欢茶的朋友，为了喝茶时的清供，开始养花养多肉，为了心爱的多肉和花草，换了一个带有天台的房子。几年后，植物越养越多，连天台也盛不下了，为此，他不得不换一个更大的空间，有更大天台的房子。

当我爱上茶，除了往家里搬可以存放的茶外，还为了喝茶，购买了好几把紫砂壶。紫砂壶透气性好，吸附性也好，一把壶往往只能泡一种茶。比如，泡铁观音的壶，就不能再泡龙井，泡普洱熟茶的壶，就不能再泡普洱生茶。不然就会串味儿，把壶养坏。

一把容量够两三个人喝的壶，自己喝，就会显得多。每次用大壶喝茶，整个下午肚子里咕噜响，满满一肚子水。为此，只好再买一人用的小壶。买来买去，壶就变成了许多把。

我常常说，享受这件事，跟钱没有太大关系，主要看自己是否能投入热情。朋友听完我的话，会用嘲笑的口吻说："谁说跟钱没关系，茶和壶，不都是钱买的吗？"

不过我想说的是，我身边的这些朋友，他们虽然为了喜欢的事花了太多钱，但他们其实，也并没有花什么钱。

当一个人没有这些兴趣爱好时，更喜欢吃喝玩乐。我的一位好朋友，是业务部主管，月入万元，但每个月都存不下一分钱。他喜欢吃和穿，每个月都要买衣服，每天都要花几百元吃好的。他经常去各大餐厅吃饭，味觉也在退化，后来就变得吃什么都不香了。为了刺激味觉，他花更多的钱，去吃更昂贵的食物，以此来让自己品出好的味道。还有一位朋友，她也没有兴趣爱好。如同主管朋友一样，她把所有的热情投入到了吃和穿当中。

朋友常常说："假如没有了美食，人生就没有意思了。"

在吃上，他们很舍得花钱，哪怕一餐上千元也舍得。但如果花几百元买一饼茶，就觉得十分昂贵。而我们不过是把那些出去吃饭的钱省了下来，购买了滋养自己的小物件。或者有时候，看上了某款茶或壶，就每个月存上几百元，等存够了钱就把它们收入囊中。

书、茶、壶等都是这样一点一滴存起来的。细水长流，时间一久，就觉得自己家变成了一个丰富的宝藏。总体看起来花了很多钱，可生活也是需要点滴积累的，难道要家中空空如也，无一处玩乐的地方吗？那样尽管攒下很多钱，但失去了生活本身，我始终认为不值得。

在事业和工作中，我们经常喊口号要努力，但所有的努力都是为了什么？许多人，白天工作了一天，回到家更喜欢瘫软在沙发上玩手机，以为这就是休息。不得不说，这完全是能量的一种消耗。我们所有的努力都是为了好好生活，可是我们从来没有好好生活过。哪怕一刻，都很少留给自己。

与热热闹闹地吃美食相比，我更喜欢安静地读书喝茶，恢复能量，享受每一刻属于自己或两个人的时光。

艾丽斯·罗斯福说：“对于生命，我只有一个简单的哲学：填满那些空白的，倒空那些太满的，挠抓那些瘙痒的。”

我的哲学也很简单，在事业和工作中释放能量，在生活中恢复能量。两者一个放一个收，既不耽误工作，也能好好享受生活。旅行、美食、逛街，都是消耗能量的部分，那么，我就工作的时间来完成这些事；喝茶、焚香、读书等，是恢复能量的部分，就用生活的时间来完成。

所以，无论工作多忙，我都会在午后雷打不动地泡一壶茶，或生普，或熟普，或岩茶，用小壶慢慢泡。那壶很新，需要慢慢养，养到什么时候呢？包浆吧，包浆了，那壶就有气质了。据说，一把壶养个十几年，即使倒入白开水，也能喝出茶香味。

这些好滋味，都不是金钱所能买到的，就算有钱可以买来一把老壶，但也失去了生活中的许多乐趣。

年轻的时候，我们总想着有一天可以闲下来，静心地读一本书，结果等到自己闲下来时，却早已没了读书的心境。趁现在还年轻，还在拼搏的时候，应该立刻行动起来，在一杯茶、一碗饭、一碗汤中，安放自己的灵魂。

工作就是为了好好生活，好好生活不是好好地攒钱，也不是大把地花钱，而是学会利用自己的能量，给心找一所静处，在那个小角落里，包浆自己。

花瓶，不需要真的是花瓶

一位朋友，因为喜欢喝茶爱上了壶。他原本有一份不错的工作，但实在太喜欢壶，就找了一位老师专门学习做壶。起初，他白天上班，晚上在家做壶，为了尽快出徒，他常常做到夜里两三点钟。后来，做壶实在影响工作，干脆把工作辞了，变成了职业制壶人。

他没有客户，做出来的壶存在许多问题，根本卖不掉。在爱好与生存之间，他选择了爱好。接着生存压力接踵而来，他怀疑自己，这样的选择到底对不对。

某个做壶的夜晚，又一把壶做废了，他沮丧地想，应该出去找份工作了。他一边想，一边在泥料上捏来捏去，无意中发现，自己好像做了一只花瓶。那个样子类似紫砂壶，他在网上见过，他一时兴起，将这只花瓶烧制了出来。

一次即兴创作的作品，他把它放到了朋友圈，不一会儿就被朋友看上买走了。朋友的鼓励给了他很大信心，他决定继续将这个事业做下去，他相信，总有一天他能烧制出满意的壶。与此前不同的是，他明白了创意的重要性，以及创意带来的惊喜。

如今，朋友的壶已在市场上销售，他靠着兴趣爱好终于能养活自己。他想把那只花瓶买回来，因为这只花瓶对他来说意义重大。

我经常听到身边的朋友抱怨，想要花，却不想花钱买，男朋友送了花，又无花瓶可插。可是，真的只能把花插到花瓶里吗？

我也见过朋友把一两枝花插到酒瓶里，或者矿泉水瓶里，凑合将就。之前，我就是这样的姑娘，只要能凑合，就决不讲究。

改变我这一看法的是，我看到了一张照片。这个姑娘是一个画家，她有一个培训班，常常带着学生一起画画。有一天，她的学生病倒了，带着药来上课。当学生把糖浆喝完后，画家突发奇想，把糖浆瓶塞子拔下来，里面装了水，把从外面采回来的小雏菊插到了瓶子里。

学生下课后，在茶盘上看到那朵插好的小雏菊，觉得老师太有创意了。它简单，素雅，有意境。虽然不显山，不露水，小到不容易被发现，但只要发现了，它的美就难以掩盖。

对于做壶的朋友来说，是无意中的创意解救了他，对于我来说，是创意的审美解救了我。生活不仅仅要喝一杯好茶，插一枝鲜艳的花，还需要用创意去营造一个属于我们自己的空间。

日常生活中，我们太少时间跟自己相处，生活的空间往往也没那么舒服。其实，活得糙一点和活得精致一点并没有任何区别。粗糙，是当下很轻松，但以牺牲未来没有质量的生活为代价；精致则是，当下努力一点，多学一点，未来的生活就会变得有秩序。

人生苦短，总要做点让自己变得越来越美好的事。人们常说，等将来有钱了，我就要去做什么什么。比如，朋友说，等我月入一万元时，我就去海边住几天海景房；等我有钱了，我也去写作，过自由的人生；等我大学毕业了，我就去旅行……

我们常常认为有钱了，就自由了。实际上，这个世界上太多有钱人并没有变得多自由。他们要开会、会客、看文件……钱越多，社会责任也就越大。因此，你不需要有一个时间跨度，现在就可以去做。

有一天跟妈妈打电话聊天，闺密回了老家，她和妈妈聊起了我。

闺密说：“希美找了一个爱她的老公，她的老公允许她在一无所有时买大量的书，写不赚钱的稿子。要是我老公，肯定要打死我。”

妈妈听完很开心，笑着说：“是的。遇到了对的人，才能做喜欢的事。”

可能先生是那个对的人，但不管这个人对不对，只要你有一颗活在当下的心，其实任何一个人都是对的。

在网上看到过一张照片，一位约莫五十岁的环卫工人，在工作之余正津津有味地读一本书。这张照片给我的触动很大，之前，我一直不知怎么去劝身边那些总是“等以后”“等有钱了”的朋友。当我把照片给他们看的时候，他们又改了借口——我忙！

如果我们没有一颗活在当下的心，过去和未来都失去了。我们回忆过去，虚度了半生年华；我们展望未来，以后的以后还有以后……

可是，人生并没有一个以后存在，就算你走到了口中所说的“以后”，也不过是换成了另外一个当下。只有把当下过好，回忆过往才尽是幸福，展望未来，才是一帧又一帧珍爱当下的自己。

七八年前，我坚持写作，如今，成了职业写作者。当它成为我生活的一部分，我才有机会把另一件喜欢的事变成今天当下要去完成的事。

三四年前，喝茶插花的生活，是我期望的“以后”，然而，我并没有等到今天才去完成，而是在三四年前，就开始积累自己。今天，我存了一些茶，插了一些花，早就实现了理想生活。

当喝茶插花成为生活的一部分时，我的生活中多余出来的时间，就要为另外喜欢的事腾出时间……

在我看来，生活是这样用实际行动一步一步变好的，而不是等有钱了才能变好。尽管有钱了物质生活会丰富，但依然拯救不了那个毫无审美的自己。

木心先生说：“没有审美力是绝症，知识也解救不了。”

知识都救不了的，金钱更没办法。所以，为了以后的生活有审美的能力，我们今天就该去增益自己，让自己先行动起来。

喝茶要买花买器具，焚香也需要不少的支出，如果实在不想在这方面投入金钱，那么插花一定是最好的选择。

一年四季，春夏秋冬，只要你愿意，任何一个季节的植物、树木，以及其他的东西，无一不能插入花瓶。

一枯枝、一干草、一小麦、一果枝……每一个大自然的作品，都可以插入花瓶中。为了让每一枝“花”更能凸显它的价值，我们可以用创意的方式，将生活里废旧的器具变成花瓶。

销售蜜蜡、绿松石、琥珀的朋友，有一天和先生在小区遛弯儿，无意中发现一块心仪的石头。回到家中，她把那石头掏空只留下表皮，一个简单的花瓶就做成了。

另外一位朋友生活在农村，她四处淘废旧的坛子和罐子，有时还会把一块朽木掏个洞，用木头来插花。

其实，插一朵花根本不需要将花插到厂家制作好的花瓶里。只要有一双发现的眼睛，人间处处是风景。人们眼中的小风景在一本书，一段音乐，一条朋友圈里。而我的小风景，在熟悉的事物上，在创意的搭配上。

借助事物滋养自己的审美能力，一步步提升自己，慢慢生活就能越来越轻松。所谓的智慧，就是放下人间的小聪明，从什么对做什么，到只做对的事情。对的事情，就是让生活变得美好的事情。

它可能不是世间追求的金钱、名利、物质，而是能帮助我们提升智慧的事情。约翰·拉斯金说：“阳光令人愉悦，雨水令人清醒，风声令人奋起，雪花令人兴奋。这个世界上没有所谓的坏天气，只有不同的好天气。”

人生苦短无常，总要做点自己喜欢的事情。把喜欢的事当成药引子，用它去滋生智慧，再把这智慧应用到生活和工作中，慢慢就做什么都对了。

当下即是入口，入进去，就能找到创意的方式，亲手创造属于自己的世界。

品茗杯，可以便宜但不能凑合

每次看到朋友大杯子闷茶，就替茶心痛。

朋友是南方人，身边有做茶的朋友，每年春天，她都能收到品质上乘的好茶。当我看到好茶投入200毫升的大杯子中，就觉得这茶糟蹋了。

朋友说："我受不了你那小口小口地喝，还是这样喝过瘾。"

假如，喝茶如同饮水，那又何必喝茶，喝水不是来得更痛快？可是，水无滋无味，自然不如一杯茶清香润喉。

我劝她："买个品茗杯吧，这样才能品出每一道茶的变化，品出它的品质和真味。”

朋友想了想：“还是不麻烦了。”

我身边喝茶讲究的朋友不少，将就的朋友也很多。一杯水就是一杯茶，是再平常不过的喝茶方式，简单省事，香气浓郁，似乎没什么不好。

但是，换个角度讲，我们为什么要喝一杯茶，除了解渴提神，改变水的味道，茶几乎没有其他价值了。把一把茶放到杯子里，冲上开水，主人拿着杯子看电视、刷手机、听音乐，玩够了打开杯盖，喝一口浓郁的茶，继续娱乐或者工作。

茶是什么味道？知道，好像又不知道，反正喝了一口清香的茶。这很像吃一盘青菜，经常吃，每天吃，但今天与昨天又有什么不同呢？

不知道，没有品出来。有些人，一辈子忙忙碌碌，一生也没有认真地吃过一口饭，喝过一杯茶。活过，可是心一直飘着，一眨眼就是一生，又好像没活过。

李健对自己的爱人说：“与你在一起的日子才叫时光，否则只是时钟无意义的游摆。”而我对自己说，安于当下，能活好每一刻才叫作没有辜负好时光，否则就是每一天的无限重复，即使活十年，也只不过活了一刻。

一个麻木将就的人，人生会错过太多太多美好时光，而我们要做的，不过是跳出重复模式，在日复一日的生活中，活出真味，品味出它的不同。

在工作中，刻意练习能改变工作模式上的重复；在生活中，把自己的心交给五官，定能发现它的不一样。这样的生活看似在重复，其实有一颗觉知的心，你知道你在做什么。

我们看一本书时，往往不知道自己在看一本书，那个有觉知的意识并没有出现，喝茶、吃饭、工作，亦是如此。当有了觉知的意识，我们才能感受到一件物品的质感，一杯茶的味道。

佛说：安于当下，即是有一颗觉知心。有过静坐经验的人都知道，自己越想静下来时，你就越无法安静下来。当你有了觉知，你才能观照出意念的烦躁与混乱。

把大杯子里的茶换到品茗杯中，是练习觉知的一种方式。因为它是非常规的，它在提醒着你，要好好地去品尝它，因为每一道茶味道都如此不同。除此之外，不同的品茗杯，茶汤的味道也不会相同。

陶制杯子有吸附功能，茶汤香气减弱；玻璃质感的杯子茶气不会被吸附，因此最能公平公正地展现一款茶应有的样子；瓷质杯子略微吸附，用它喝茶相比玻璃杯水质会微软。另外，敞口的杯子，茶的香气弱；收口的杯子，茶香浓；高的杯子聚香，低的散香……

普洱、岩茶、白茶等，不同的季节，有着不同的变化，存放十年的茶与存放五年的茶，味道也不会相同，同一款茶，在北方和在南方存放，多年后味道更是千差万别。

因为茶的复杂，不同杯子呈现出不同的味道，我必须好好地喝，细心地喝，这样才能感受到茶的不同。

夏天，可以使用敞口的品茗杯，有利于给茶降温；冬天适合收口的杯子，有利于茶汤保温。除此之外，用厚的杯子茶更温润，薄胎的杯子，茶香更扬，水路稍糙。表面上看，在简单地喝一杯茶，其实里面的学问太大了，它值得你用一辈子的时间去研究和体会。

我有各种各样的杯子，玻璃的、瓷的、哥窑的、钧瓷的、敞口的、收口的、大的、小的……每买一款新茶，便会使用不同的杯子喝一次，依次品尝它的味道变化。与其说在喝茶，不如说更像做游戏，在自己的小世界里玩得不亦乐乎。

人生做选择题容易，做填空题就会变得艰难。然而，所有的填空题，我更愿意填入“不凑合”。有钱时，可以用贵的，无钱时，就选择廉价的，重要的是要有一颗不凑合的心。假如一无所有，就用手心当杯子，也是另外一种小欢喜。

多年前，听过这样一个真实的故事。有一对夫妻很贫穷，男人打零工，女人也做着一份普通的工作。

有一天，女人逛街时，在橱窗里看到了一只品茗杯，上面标价500元，她十分喜欢那只杯子，但马上要交房租了，只能把仅有的一点钱用于生活。

此后几天里，她每天去看那只杯子，男人知道了，偷偷地加班，每天能多赚20元钱，他一天天地攒，终于攒够了买杯子的钱。

一个月后，女人拥有了那只心仪的杯子，她开心地觉得自己嫁对了男人。他们在租来的小屋里吃着青菜豆腐，看着那只杯子，当下所有的苦都忘了。

男人为了心爱的女人，每天十分努力，就是为了给她买一只又一只品茗杯；女人在杯子里开始了另一段人生，她喝茶，鉴杯，最终活成了一个生活艺术家。

她说，生活中许多美好的事跟钱没关系，那些焦虑的人可能比她更有钱，但却少有人比她活得更幸福。

几年前，我爱上了茶，也没有钱，不过，每个月还是愿意拿出一部分金钱来供养自己的精神。我买不起高级的紫砂壶，就用瓷壶，买不起好釉的品茗杯，就购买廉价的玻璃杯。我没有茶盘，就用不锈钢盆，上面架上箅子当茶盘……

在那间只有10平方米的出租屋里，我和先生靠书、茶、花滋养着自己。别人说，你该多攒点钱，搬到大一点儿的出租屋里，你该买几件体面的衣服，你该……

是的，我该，我都该。

当许多人觉得北漂很苦，看不到希望时，我在那样的环境里却活得很满足。人可以苦，可以穷，但一定不能少了“不凑合”的心。因为不凑合，你才能想尽办法让当下变得越来越好。这种不凑合，不是对于物质的无限追求，而是把当下过到最好的那种状态。

这种状态，是觉知，也是对于生命的享受。

在朋友眼里，穿贵一点的衣服更体面，住大一点儿的房子更体面，有一套自己的房产更体面，可那些体面，终究在面儿上，那是别人想要的，不是我想要的。我始终在问，我想要什么，哪些是我的需求。

保持对于生命的觉知，不等于不努力，也不等于不攒钱购房，而是更加懂得如何积累自己，如何处理自己的生活。当自己一无所有的时候，焦虑也没用，不如享受每一刻。如果我几年前焦虑房子的问题，那么今天这个问题也未必能得到解决，而且连这几年愉快的时光也失去了。

其实，我们要做的是不浪费时间地努力，不浪费时间地生活，余下的房产、金钱与名利，就交给老天吧。因为有时候，努力也未必能成功，但努力却是我们应尽的本分。

做好分内事，享受好时光，非我能控制的事，我不管。

不管，就什么都轻松了。

器物可以碎，但人生不能碎掉

一次去商场闲逛，看到一个小姑娘拿着一只摔坏的玉镯，祈求销售员帮她镶嵌上。那是一只泛了黄的老翠镯子，料子是普通的糯种，价值并不高。如今，它被摔成了四瓣儿，连仅存的一点价值也没了。

销售人员说："姑娘，这只镯子并不值钱，你用18K金镶嵌上，所花的钱远远超出镯子本身的价值，实在没必要花冤枉钱。"

姑娘不依不饶："姐姐，不管花多少钱我都愿意，只希望您能帮我镶好。"

销售人员看姑娘如此执着，叹了口气说："那你用银镶嵌吧，相对便宜些。"

姑娘摇了摇头，坚持使用18K金的材料。销售人员拿她没办法了，只好为她设计图样，争取做到让她满意。

姑娘说："姐姐，这镯子是我奶奶的，这是她唯一的珠宝。她十分喜欢这只镯子，因为这是爷爷送的。那时家里穷，什么也没有，爷爷为了讨奶奶欢喜，攒了很久的粮票才买下了它。虽然它很廉价，不过，奶奶喜欢它，戴了大半辈子。前几天爷爷走了，不知为何，镯子碰到了桌子一下子就碎掉了。奶奶见它碎了，一下子病倒了，仿佛丢了半条命。我想为奶奶镶嵌好它，让她好起来。"

这个故事不仅感动了销售人员，还感动了一旁的我。我听完后，没了逛商场的心情，默默地回了家。

回家的路上，我一直在思考一个问题，人生到底要不要留下些什么，因为我发现，留下对于活着的人来说，意味着疼痛。

中国有一个成语，叫"睹物思人"，看到了这件物品，我们就想到了那个人。在电视剧里、在生活中，我们每个人都有朋友、爱人、家人送的礼物。这些礼物代表着一种情，也是一种情感的寄托，我们爱物，爱物，将它珍贵地保存，当送礼物的亲人或朋友离开，我们的人生也失去了活力。就像这位小姑娘的爷爷离开，奶奶的人生也跟着镯子碎了。

在新闻里看到过一个故事。一位老爷爷和一位老奶奶一辈子感情十分好，老了也会手拉手散步。有一天，老爷爷在医院里去世了，老奶奶没有忧伤，也没有难过，她穿上了最心爱的衣服坐在椅子上，也去了。

如果物是物，那么人是不是一种“物”呢？当心爱的人离去，老奶奶的人生也碎掉了。这样浓烈的情感理应令人感动，可我常常感到害怕。因为我很怕，爱我的人会因为我的离开，让他们的人生方寸大乱。

每个人活一辈子，都想留下些什么，就算留不下什么，能被某个人记得也是好的。有了这些故事，我很想自己这一生活得雁过无痕，像从来没有在这个世界上出现过。但难就难在，自己很难抹去自己的痕迹，就像我们无法抹除他人在我们心中的痕迹。

法国人说：“了解一切，就是宽恕一切。”尼采在希腊悲剧中悟出“从形象得解脱”的道理。朱光潜先生解释说：“世界如果当作行动的场合，就全是罪孽苦恼；如果当作观照的对象，就成为一件庄严的艺术品。”

这让我想起了舞蹈家杨丽萍老师。有一次，记者问她：“你是为了舞蹈才不要孩子的吗？”

她回答说：“有些人的生命是为了传宗接代，有些是享受，有些是体验，有些是旁观。我是生命的旁观者，我来世上，就是看一棵树怎么生长，河水怎么流，白云怎么飘，甘露怎么凝结。”

对于生活和生命里美好的部分，我们应该是参与者、行动者、体验者，而对于痛苦的部分，应该学会做一个旁观者。

人生中有许多事，并非我们能够控制，唯一能做的就是不要因为任何事碎掉自己的人生。爱人的离开，家人的离开，把自己当成旁观者在有些人看来，似乎过于无情。可是，不管有多少情，我们终究无法改变结局。

《般若波罗蜜多心经》中说：“观自在菩萨，行深般若波罗蜜多时，照见五蕴皆空，度一切苦厄。舍利子，色不异空，空不异色，色即是空，空即是色，受想行识，亦复如是。”

有一次看TED的演讲，一位外国科学家用科学证明了四大皆空。形散而化气，气聚而成形，我们每一个人都不过是气聚而成的有形物质，其本质仍然是空。不管你难过或痛苦，几十年之后，当你也离开这个世界，依然什么也没留下。

了解一切，就是宽恕一切。了解了生命的本质，更容易宽恕这种无情。纵然你不愿意当成生命的旁观者，依然改变不了它的本质，只会让自己的人生活得艰难。因此，我们唯一能做的，就是接受它、适应它，用宽恕的态度，让该走的走，该留的留。

你走，再大风雨我也去送；你来，刀山火海我也去接。这一生，我们能有彼此陪伴的一段时光已足够。

人生聚散无常，散了，就断了。我愿意放过别人，也愿意放过自己。如果有缘，来生自会相聚，如果无缘，我终究是忘了你，一次擦肩而过的回眸，对上苍已十分感激。

我的生活里，也常常碎掉心爱的东西。有一把壶，在家里放了很久，有一天看到了才开始养，养了大半年，用它喝茶时，手一哆嗦盖子掉到了地上。

我大叫一声不好，可已经晚了，盖子被摔得四分五裂。我略微心疼，因为养了大半年，它已变得温润有气质，可它竟然碎了。

之前喝茶时，先生常说，少用紫砂壶，身边碎壶的事件不少，省得哪一天你也碎一把。

他的乌鸦嘴灵验了，我确实碎了一把。他看了看那碎掉的壶盖有点心疼，问我难过不难过，甚至略带威胁的语气说，看你以后还用不用紫砂壶喝茶。

我想了想，坏了一把壶本身损失了一笔钱财，如果因它再失了好心情，那就更得不偿失。

“我当然要用好壶泡茶。我买壶回来不是看的，而是买来用的，如果它不能用了，那还有什么价值？”

情也一样，即使“碎掉了”，也应该学会收拾好自己，重新出发。

那壶里，藏着你的性情

十年前，朋友去新疆出差，在那边住了几个月。他在那里认识了几位当地的朋友，回来的时候，通过朋友介绍，带回来一块拳头大小的籽料。这个料子花了他几万元，朋友一直对它爱不释手。

他回到了北京，每天在手里养这块料子，身边的朋友看到了，要出双倍的价钱买这块料子，朋友毫不犹豫地拒绝了。他的理由很简单，他想要有一块自己的玉，而并非用它来赚钱。一连两个月，都有人劝说他，让他把这块玉卖掉，哪怕再找新疆的朋友买一块呢。

都说玉有灵性，如果一块玉与自己的气场不合，在与主人接触时，一定少不了磕磕碰碰。朋友与这块玉倒是没有什么不合，只是两个月后，他发现那块玉竟然有了黑气。

当一块白玉越养越润白，说明主人身体很健康；如果一块白玉养出了黑气，主人的身体可想而知。那段时间朋友工作忙，每天熬夜加班，身体确实出了状况。若不是那块玉提醒，他一定不会停下来休息。

玉越养越差，朋友有点心疼，怕它的价值因为他的身体而贬值，便把它锁进了保险柜。如今，十年过去了，朋友再没把玩过那块籽料。

人养玉三年，玉养人一生。古人喜欢戴玉，不仅仅是因为它的价值，还因为它能反映出一个人的身体状况，透露出一个人的性情，以及三年后，它对于人的滋养。

戴钻石的女人有贵气，戴玉的女人温婉有静气，戴黄金的女人则更能彰显福气。我喜欢养玉、养壶的女人，在静气中透着书卷气。

与玉一样，壶也能看出一个人的性情和喜好。不急不躁，只为了喝茶，把壶当成泡茶的工具的女子，一看就是一个懂得享受生活的人。为了养壶，煞费苦心，不断使用它，用茶水浇它的女子，壶就会养出燥气。哪怕那壶已养得温润，也带着加速的气息，如同一饼湿仓老茶，从根儿上加速了，想要把那燥气与湿气退掉，又需要好几年。

早些年，听说过这样一个故事。

一位收藏家经常开着一辆破车下乡收古董，那时老百姓不懂自己手里的东西值钱不值钱，也不懂是不是够古，只知道能换钱便卖掉了。

有一次，这位收藏家的面包车被朋友借走拉货了，只能开着他那豪华小轿车下乡收货。那天，他收的货比往常贵了好几倍。老百姓不傻，一看是小轿车就知道是有钱人，谁都想多要点儿。

等他把买货的钱快花完时，在一位老百姓家中遇到了一把壶。那壶不算老，清朝年间的，壶身上落满了灰尘，壶内茶垢浸染得看不到紫砂的颜色，他出价几千元购买这把壶，主人怎么也不肯卖。

20世纪90年代，几千元已是不小的数字，但这位主人却继续要价，生生地要到了上万元。收藏家带的钱已经花得差不多了，拿不出这么多现金来，便交了定金，与主人约定三天后带钱来购买这把壶。

收藏家走了，主人左看那壶，右看那壶，觉得它太脏了。上万元的壶，怎么不得给人家洗干净了。那三天里，主人什么也不干，每天使劲儿擦那壶，里里外外洗刷得十分干净。三天后，收藏家来了，看到那壶被洗刷得如同新壶一般，立刻决定不要了。

主人不解，问他为什么，收藏家说："这壶的泥料不是特别好，年头也不长，上万元已经是极限了。我本来不想买，但这壶是乾隆皇帝用过的，壶里浸了大量茶垢，可见他养了很久。我买这壶不为收藏，而是想通过茶垢品出当年乾隆爷喝的是什么茶。现在，这茶垢没了，我要它来做什么？”

主人哑然失笑，原来醉翁之意不在酒，收藏家想知道的不是壶的故事，而是关于乾隆皇帝喜好的故事。

人们常说，那些看不见的细节能出卖一个人。其实，只要用心观察，一把壶又何尝不能判断出一个人的喜好、情趣、品格呢？

自己看自己，无形中会放大自身的优点，而别人看你，又会把你看轻。我们无论怎么看，都很难清楚地认识自己。可是，一把壶会，它比你更了解你，有时候不是你在养壶，而是通过养壶，让自己的优点和缺点慢慢地凸显了出来。它像一面镜子照着你，让你原形毕露。

如果工作和生活，一个是放，一个是收，那么“在工作”和“在休闲”，就一个是全情投入，一个是跳出观察。

投入一件事情很容易，哪怕与人吵架，也能酣畅淋漓，但要说跳出观察，就有点难了。当局者迷，旁观者清，我们身在局中，无法看清自己的时候，就要把壶当成最好的旁观者。

所以，每隔一段时间，我就会看一看手里的壶。几把大壶上落了灰尘，表示我最近很懒，没有认真地打扫房间了，同时也说明最近没有朋友来；一把泡熟茶的壶，壶身上浸了茶油，说明我昨天没有认真清洗壶，以后做事该用点心了；泡茶时壶的盖子差点从手中脱落，原来我走神了，应该好好地喝茶静心了……

这些养壶的小细节，对于别人可能匆匆而过并不在意，可对于我来说，更喜欢借物观心。我在壶里修正着自己，看着自己，只为它能够越来越好。

闲来无事一壶茶，静心静气，静中生慧。每一个休闲时光，不仅要全情享受，更多的是修心修智慧。

人人都想得智慧，可你也要给它生长的时间呀！它不在匆匆忙忙的人群中，也不在忙忙碌碌的工作中，更不在碌碌无为的生活里，而是在那个能静下来的休闲时光中。

它很短，你要学会去争取寸把光阴。其实，有了争取的意识，就什么都来了。

最好的幸福，就是我不需要你了

在快速发展的今天，赚钱、赚钱、赚钱，变成了分秒必争的事。如果你说，我只想做好一件事，一定会有人跳出来说："那你就不需要钱了吗，干吗这么虚伪。"

是的，只要活着，任何一个人都离不开钱，因为没有人能活在真空里。但是质问者却忘记了，当你说，我只为赚钱的时候，一定离不开做事，因为你什么都不做会很难赚到钱。如果赚钱离不开做一件事，那么为什么有人说，想做要好一件事，就直接否定了赚钱呢？当一个人说，只要把这件事做好时，只不过在排序上，把做事放在了第一位，赚钱放到了第二位，并不等于自己从此与金钱绝缘。金钱和理想（做事），是一体的两面，就像一个钢镚，少了哪一面，都不能被称之为货币。

当下，没人愿意静下心来好好地做一件事，多数人更愿意追求金钱。如果一定给这种追求找个原因的话，我想这是因为人们缺乏安全感，没有钱就意味着朝不保夕，生命随时挣扎在生死边缘。

朋友是一个自由作者，签约了一家平台，收入稳定，工作轻松。他收入少的时候，只想解决温饱，随着收入增加，他不再被温饱困扰，理应过得更加幸福。事实上，他不仅没有过得更快乐，反而更加焦虑了。他担心生病时无钱医治，将大把的钱投入到了保险里；他担心辛苦赚下的稿费贬值，四处寻找回报率更高的理财产品；他担心一套房产不够，希望再购入第二套房产……

老子说："少则得，多则惑。"当名利、金钱越来越多时，人未必越来越快乐。

在清末民初时期，有一个山西商人，他家产很多，生意也做得大，可他过得并不开心。他一天到晚自己打算盘，亲自管理财政。虽然他有账房先生，但还是要亲自过目，亲自盘算过才能睡着。

每天，他打算盘都要打到深夜，年纪大了，体力不支，为此很是烦恼痛苦。他家高墙外住着一户很穷的人家，夫妻二人靠卖豆腐维生，他们每天凌晨起来磨豆子、煮豆浆、做豆腐，过得十分开心。

富商的太太说："老爷！我们活得真没意思，还不如隔壁卖豆腐的两口子。别看人家穷，可是快乐多。”

富商听了太太的话，跟她说：“那有什么难，我明天就让他们再也笑不出来。”说完，富商从抽屉里拿出来一个十两重的金元宝，从墙头上丢了过去。穷夫妻此时正在做豆腐，开心地唱着歌，逗着趣。只听见门前“咚”一声，掌灯来看，发现地上有一个金元宝，他们以为是天赐横财，偷偷地捡了回去，不敢再唱歌，也不敢再说话，心情也变了。

这是老天爷赐给他们的黄金，他们一定不能让别人知道呀，可是家中贫困，又无藏黄金的地方。藏到枕头底下，睡不好觉，藏到米缸里也怕被别人发现，一直到天亮那豆腐也没有磨好，也没为金元宝找到“藏身之处”。

我们总以为，赚越多钱，就能获得越多的自由和幸福，其实，富人有富人的难处，穷人有穷人的难处，因为我们不是他，所以才会羡慕别人的生活。

小时候，有一次我在田里蹲着种花生，旁边有人在锄地。我蹲累了就羡慕对面的人，锄地真好，腿不会蹲麻。没过多久，爸妈再次哄我去田里干活儿，说要干“轻松”锄地的活，我一听没什么便答应了。

我一直以为锄地不会腿麻，是一个轻松的活儿，其实，锄地也没有多轻松，当我锄了一垄地时，早已累得筋疲力尽，直不起腰来。

我扔了锄头，说什么也不肯继续干，爸爸笑着说："不要这山望着那山高，种花生就想种花生的事，锄地就把地锄好，你有了这样的心态，才能把事情做好。"

当时我太小，并不懂爸爸的话，等我长大，才知道这话十分有深意。穷人整天幻想变成富人，整天焦虑地去赚钱，连当下的快乐也失去了。要知道，真得了大病，多少份保险也不能救命，多少套房产也不如安心地睡一个好觉。

与其整日焦虑，不如安心地做好手头上的事，只有这样，才能过好生命中的每一刻。不过，这并不表示，你从此就不再赚钱，而是把事情做好了，才能产生更大的价值。当你越是在意金钱，你越是失意，因为你在意的，往往是最能伤害你的。

看武侠小说时，书上写，杀手不能动情，因为动了情，情便会成为他的软肋，让他功亏一篑。换到现实中，如果一个人过于在乎金钱，金钱也会成为他的软肋，让他在紧要关头做出糊涂事。

既能享受又不执着的状态，怎样平衡才好呢？身边一位朋友对于婚姻的处理很能解释这种状态。

三年前，他爱上了别人，她得知后大哭大闹，只希望尽快离婚。他不答应，决然地与那个女人断了关系，只想回归家庭。

她无法再重新接受他，在与他分居时，发现自己怀孕了。她左思右想，为了孩子忍痛原谅，只是，她对他再也爱不起来。

这三年里，男人并没有变好，依然在外面拈花惹草，她不是不知，只是一直做那个糊涂的人。在外人面前，她是贤惠的妻子；在孩子面前她是一个好妈妈；在他面前，仍然是那个爱他、懂他的女人。

身边的人为她抱不平：“他都这样了，为什么不离婚？”

她说：“我既然选择给孩子一个爸爸，就会幸福地在这个家里生活下去。”

朋友说：“我不理解。为什么要这样，为什么要假装幸福？为什么明明不爱他，还要假装很爱他？”

她眨了眨眼睛：“我不是假装幸福给别人看，也不是给自己看。而是，我既然为了孩子打算好好生活，就一定会好好生活下去。不管他在外面怎样，都无法改变我们要在一起生活的事实，与其针锋相对把家里搞得鸡犬不宁，不如温情地活着。在我看来，我是幸福的，因为在我心里早已不需要他了，我现在需要的是生活，那么，生活里有他就够了。”

朋友想了想说：“我做不到。背叛就是背叛，这是不能改变的事实。离开，难道就不会比现在更幸福吗？”

她解释说：“或者会更幸福，但我更想说的是，任何事都不要执着，放下了，才能真正好好地享用它。我放下了婚姻，所以他所做下的错事才不会伤害到我，反而能像现在一样过得如此快乐。”

提到放下，人们往往想到的是悲观厌世，其实，悲观厌世不是放下，而是一种逃避，真正的放下从来不是逃离自己所厌烦的生活，而是放下这种厌烦的态度，才能真正享用它。

宋代无门和尚写过一首禅诗：“春有百花秋有月，夏有凉风冬有雪。若无闲事挂心头，便是人间好时节。”

好好地做好当下事，不烦恼其他，哪还有什么焦虑与忧愁，每一刻都悠游自在了。

首饰：滋养自己的，才是最好的

人家的闺女有花戴

妈妈天生有一副好嗓子，小时候她逗我玩儿，常常跟我唱《白毛女》选段：

人家的闺女有花戴
你爹我钱少不能买
扯上了二尺红头绳
我给我喜儿扎起来
哎　扎起来
……

小小的我，并不知道这歌唱的是什么意思，只知道那红头绳是美的、好看的。于是，我央求妈妈也给我扯二尺红头绳扎辫子。

我小时候头发稀少枯黄，想要扎一条辫子很费劲，妈妈拿红毛线扎了又扎，无奈总是脱落，为了满足我的愿望，她给我买了人生中第一根带花的小皮筋。

这朵小花用普通的缎带做成，小小一朵，红艳艳的，后来再听妈妈唱《白毛女》，我更高兴了，总觉得自己比喜儿好，因为我有花戴。

一根皮筋和一段红毛线让我开心了很久，珍藏了很久，直到妈妈看到我那小红花脏得不成样子，给我买了新的，这才算结束了对一朵花的钟情。

可能小时候戴多了花，长大了对花倒是有些生厌，总觉得头上戴花太张扬了，于是，把那花别到了衣服上。一身粗麻素衣，一头及腰长发，一双手工布鞋，因为有了一朵鲜花，整个人都有了生机。

鲜花时间短，而我也过了戴缎带花的年纪，这些小物件，不过偶尔把玩，陶冶情操，其实，生活里经常戴的，是各种小玉石。

有一次，与朋友逛街，逛到了金银首饰区，她在一堆银饰里看中了一只素圈银镯子。那只镯子素净大方，克数也不重，折合下来不过几百元，朋友试了又试，看了又看，最终还是放下了。

我见她喜欢又舍不得买，就劝她说："喜欢就买下来。"

她拉着我，说："我有戴的，就不买新的了。"

我有点纳闷儿，因为我认识她三年多，从来没见过她戴任何首饰。然后，她解释说："我有一条翡翠的手串，老公送的，但是我不喜欢，所以不常戴。而我每次要买新的，老公就说我，你旧的都不戴，买了新的就一定会戴吗？"

朋友觉得老公说得有道理，她家中还有水钻首饰，也有几十元买来的小手链，确实很少戴。所以，在朋友看来，首饰是用来戴的，只要旧的不戴，新的就不能购入。当然，购入新的，旧的就要压箱底，再一次失去它的价值，所以她每次看到了中意的首饰都很纠结。

与朋友相反，我常常购买首饰，只要喜欢，能够承受它的价格，就会把它买回来。与朋友相同，我很少戴首饰，出门更是简单素净，最多戴一只不起眼儿的银镯。要是那天心情好，也会随手找件首饰戴，算是当天的小确幸了。

朋友见过我的百宝箱，看到一堆小玩意儿却很少戴，很是困惑："你买这么多，戴得过来吗？你买了不戴，跟没买有什么区别呢？"

怎么回答她呢？我想了想说："首先要知道，购买首饰为了什么？可能在你看来，是要戴出去，可是在我看来，它就是买来自己玩儿的。我不是为了展示给别人，也不是为了让我自己显得更好看，而是我喜欢它，它能让我高兴，所以就买了。至于戴不戴，并不重要。”

那些首饰，事实上并没有压箱底，而是每隔一段时间，就会拿出来把玩。一块小玉石，一条手串，一枚戒指，抑或一只手镯……常看常新，每次收拾它们，都能在自己的小世界里开心很久。

人活在这个世界上，每天疲于奔命，除了工作，就是吃饭、做饭、收拾家务，就连休闲娱乐也在慢慢趋同，交给了电子产品。可能在那样的世界里，我们也能暂时获得快乐与精神压力的释放，可终究像隔靴搔痒，少了些什么。经过仔细对比体会，我觉得少的是像孩子一样的童趣，那童趣里有由内而外的开心。

每次把那些小物件摆满一床，就像回到了我第一次拥有红头绳和小红花时的快乐时光。它们并不值钱，可对于孩子来说，快乐就是这样简单。一朵花可以玩一整个下午，晚上睡觉也要抱在怀里，那种忘我的小欢喜，是成人所没有的。

今天，购买一件首饰，人们考虑的是，戴出去会不会彰显身份与价值，会不会显得好看，唯独少了那份拥有后的满足感。当一件首饰为了让别人看着好看，为了让别人觉得你很高雅，钱也花了，自己其实并没有真正开心多少。

我们活着已经那么累了，为什么还要累上加累呢？

我喜欢几十元指甲盖大小的山料玉挂件和银器，也喜欢价格昂贵的金饰翡翠。几十元的小物件与几万元的物件在我看来，没有什么大的区别，因为我获得的快乐是相同的。唯一不同的是，花的价钱不一样，但本质上都不过是石头和金属。我的重点仍然是喜欢，不会因为它的价值和价格去购买不喜欢的。

有钱就买得贵一点儿，没钱的话，这些小东西也很好。

如今，我还是会像小时候一样，在睡觉的枕头底下放很多小首饰，睡觉之前，会玩一玩，玩够了再睡去。那些陪伴我最久的、跟我玩得次数最多的，往往不是那些贵的，而是廉价的。可见，一个人真正投入到一件事情时，真的会像孩子一样，忽略价格与价值，更注重自己的快乐程度。

在《圣经》中，夏娃和亚当吃了善恶树上的果子，从此会分辨善恶，懂得好坏。在人们看来，这是人类拥有了智慧的第一步。可是，当任何一件事，一分为二的时候，有了智慧，就一定会有愚蠢，有了高价值，就会有低价值。

如果在成人面前放一块黄金和这个世界上独一无二的玩具，成人大多会选择黄金，放弃玩具。而一个孩童，当他不懂得黄金是什么，他大概会选择那个他喜欢的东西。

人能分辨善恶，在人类看来，是聪明的开始，可是在上帝看来，人类从此堕落了。因为，一件事有了好坏，有了价值的大小，人们就会选择不得以而为之的事。比如，为了钱，选择放弃理想；为了黄金，放弃独一无二的玩具；为了房子，放弃爱情……

明智选择的背后，永远都要牺牲最本真的自己。中国的道家，往往会讲到“道”。道是什么，南怀瑾先生说，就是回归到零的状态，那个不分一二三、好坏、高低、善恶的混沌状态。意思是，回到亚当和夏娃没吃善恶果以前，没有快乐，也没有悲伤的时候。

佛说，放下才能得到极乐，事实上，那没有快乐和悲伤的混沌状态，并非人们所说的活着没有意思了，而是得到了真正的大乐。

当你没有了分别心，你不会去想这是不是有意思，因为没有意思，本身就有一个“有意思”与之对应了。

人生是一场修行，只是，修行者极少，没人愿意通过修行让自己的人生更圆满。不管我们是不是修行者，我们都可以借助修行者的智慧，让我们的人生变得更容易获得快乐。

有人说：“与其说人类的幸福来自偶尔发生的鸿运，不如说来自每天都有的小实惠。”

小首饰，就是我的小实惠，一朵花、一块石头、一只镯子、一枚戒指……把它们带回家，我能开心很久很久，我不一定每天都要购买一件饰品，但每天都能通过它们，享受一刻快乐的小时光。

写字累了的时候，心情不好的时候，孤独的时候，翻一翻它们，我也就开心了。每个人都前路渺茫，充满着危机与意外，我们不知道明天和意外哪个先来，但我知道的是，纵然生活艰苦如喜儿，也要有一条红头绳带来的快乐。

我们不能改变现状，但能改变自己。

我只要朴素，不需要惊艳

二十多岁的时候，大爱水钻，爱一切闪闪发光的东西。头上的发卡要水钻的，鞋子要点水钻的，就连衣服，最好也能带上几颗水钻。

我闪亮，我骄傲。

后来，喜欢景泰蓝、银、18K金，那银最好也是闪亮的，若是戴得久了，把光亮的涂层磨去了，一定会拿去首饰店洗银，让它重新恢复光泽。

年轻的时候，没有什么积蓄，只能在K金和银上动心思。我对铁过敏，不能像大多数姑娘一样，随便去精品店选个喜欢的项链就戴上。那时，我很羡慕她们，能戴各种造型的饰品，看着就让人眼前一亮。

一位朋友跟我说，我走到人群中就兴奋，就算公司里有上百位员工，我也能在一瞬间让老板看到我。

我相信朋友说的话，对于一个年轻想展现自己才能的人来说，那种渴望被发现、被重视的眼神别人能读懂。就像年轻人渴望闪亮的东西，希望自己走在人群中，永远能成为最独特的那一个。

二十多岁时，我不是也一样吗，为了得到一家公司的重视，几乎使出浑身解数，虽然我最终达到了自己的目的，可还是失败了。

十年前，我生意失败，为了生计不得不找一份工作。朋友说，小霞所在的那家公司不错，收入很可观，环境也好，凭借着你的生意经验，去做销售很容易成功。

朋友把我捧得这么高，想不去也不行了。为了证明我可以，我经过笔试、面试，层层筛选，最终进入了培训期。

培训期阶段，除了主管为我们讲课外，公司里各小组的组长也会为我们讲授关于销售的知识。培训部的老师说："你们要好好表现，组长来讲课，是你们展现自己的好机会，不要培训到最后，得不到任何组长的喜欢而被淘汰。"

接着她又说："我还有一个推荐名额的机会。你们在培训阶段表现良好，我也会把你们被淘汰的其中一位推荐给组长，所以，任何一个公司都需要你们的努力。”

为了表现良好，每天培训前的保健操，我生生得了第一；写文章更是不在话下，被培训老师贴在了公司的公告板上；而销售模拟，我更不会失手……

在培训期间，我得小红花最多，公司的奖品也最多。我以为我一定会被公司最好的团队选中，结果我却落选了。我不是遭到了淘汰，而是去了业绩一直很普通的团队。

我不知道这是为什么，我明明各方面已经十分优秀了，为什么还是没有被最好的组长看上？

有一次，主管与组长闲聊，问她为什么没有看上我的时候，我无意中听到了她的答案。组长说：“她在各方面确实表现优秀，销售模拟也做得不错，不过这不是我想要的人。我喜欢的销售，不是要说得多，更不是懂得如何展现自己，而是懂得倾听客户的需求，话可能不多，但一定要掷地有声。好的销售，要一直有东西往外掏，要是一个有内秀的人。”

显然，我不是那个成熟、稳定、懂得倾听的人，更不是一个有内秀的人。我那时太年轻，不管有多少销售技巧与经验，在久经沙场的这位组长面前，还是显得过于简单了。一个人越是使出浑身解数想要证明自己的时候，别人就越容易把你看得透透的。因为你表现了全部，说明你接下来已拿不出更多的东西了。

那次的失败，让我重新定位了自己的人生，如那位组长所说，我们应该做一个一直有东西往外掏的人，而不是一个表面上看起来不错，实则毫无内涵的人。慢慢地，我懂得了收敛，懂得了倾听，也褪去了闪亮的首饰，让自己看起来不再张扬。

如今，再走到人群中，我可能是一个不被注意的对象，但是我知道，我的闪光点在哪里。是我的机会，我会拿出实力，不是我的机会，就默默倾听，做一个人群中的观察者。

随着年龄的增长，我对于亮闪闪的东西开始拒绝，拒绝钻戒，拒绝不锈钢，拒绝一切发光发亮的物品。我摘下了钻石婚戒，把家里的不锈钢烧水壶换成了玻璃壶和黑铁壶，衣服也改穿朴素的棉麻。我不再追求世俗意义的美，开始追求天然质朴的美，喜欢一切纯真天然的首饰和事物。

朋友问我："你那么瘦，为什么不穿显身材的衣服呢？总是把自己包裹在宽大的肥袍里。"

几年前，更喜欢妖娆的旗袍，越紧身越好，越能凸显玲珑的曲线越好，可它穿在身上到底是不舒服的。于是，我回朋友说："肥点儿更健康，不是吗？"

在做人上，从张扬到内敛，这是我的成长；在生活上，从追求好看，到追求舒适，这又是另外一种成长。

庆山在微博上写道："对朋友说，有些地方的人生活看起来已经这样的富足安宁，超市里花很少的钱能买到一大堆食物，环境优美，空气清洁，社会有保障。但人仍会出现精神抑郁、心理异常等各种问题。可见，生命一定还需要一些更重要的东西。应该想想，这些东西是什么。"

当一个人开始关注自己，关注自我成长，那些重要的东西就会一个个地从心底蹦出来。当一个人关注外界信息，关注别人对自己的评价，就很难不抑郁，不心理异常。

谢灵运在《游赤石进帆海》中写道："扬帆采石华，挂席拾海月。溟涨无端倪，虚舟有超越。"意思是，大海无边无际，没有载物的船超然漂行。很多事情水涨船高，不是船有多厉害，而是水涨了，所以船才能漂在水面上。可是，我们人往往只看到了那涨高的船，却忘记了水的作用。

这大概就是，对人和物的最好解释了吧。

你应该像珍爱钻石那样珍爱情感

天底下，大概没有女人不爱钻石。那小小的一颗，浓缩了世间万物所有的精华，它是自然界颇为坚硬的物质。

于是，人们用它来形容爱情，期望走入婚姻里的两个人，情感能像钻石一样坚不可摧。不管婚前的爱情多浪漫恩爱，步入婚姻后，两个人却好似改变了碳单质的排列组合，变成了黑乎乎的石墨。

石墨和钻石本质上是相同的，不过排列组合不同，一个是平面逐层结构，一个是蜂窝式六面体结构，仅仅这一点差别，两者之间从价值到特性都发生了变化。如同“婚姻”这个词，好像也在改变着人们的情感结构。

结婚前，相爱的两人，叫爱情；结婚后，人们更喜欢叫亲情。一字之差，更是差出了钻石与石墨的区别。还是同样的两个人，还是一样地在生活着，可这份情感到底缺少了些激情，变得像石墨稀松平常了。

很多人说，与爱情相比，亲情才更坚不可摧，有了孩子，两个人也就有了纽带，把两个人拴得牢牢的，这也是爱情所不能相提并论的。可是，相爱的两个人，并不需要纽带，即使被迫分开，心中依然带着爱。

我们都渴望爱，也渴望被爱，爱情似乎只有在谈恋爱时才存在，一旦步入婚姻，如果还总是谈爱情的话，就会变得有点不切实际了。就像结婚后常常惦记着昂贵的钻石，让人觉得你不是一个务实的女人。

二十几岁的时候，我喜欢谈爱情，年长的女性朋友说："小姑娘，珍惜这段时光吧，结婚了就没有爱情可言了。"二十五岁的时候，刚刚步入婚姻，我还喜欢谈爱情，朋友又说了："你是新婚，还不懂婚姻。"

我问她们："婚姻到底是什么？"

虽然问了不同的朋友，但她们的回答大同小异："婚姻就是两个人过日子，一粥一饭一孩子。"

不，这不是我想要的婚姻，我想要爱情。如果婚姻最后都会变成平平淡淡的左手摸右手，那我为什么在婚前即使经历万水千山，也要选择爱情呢？

所以，在身边人看来，我是幼稚的，在婚姻里做着一个少女梦，注定被婚姻所伤。三年过去了，我活在爱情里；五年过去了，我活在爱情里；即将步入第七个年头的时候，先生问我："我们会'痒'吗？"

我反问他："你觉得呢？"

他想了想，笑了："我觉得不会。"

是的，七年了，我没有被生活打败，依然与相爱的人在一起。我们也没有过成左手摸右手的生活，依然是彼此心尖儿上的人。

在别人看来，我们的生活普普通通，实在算不上激情浪漫，不过是一粥一饭，每天上班下班，写作读书。可是，难以描述的心理问题，终究是不一样的。

情侣与夫妻，看同样的电影，两对男女的心理状态一定是不一样的，一种是小浪漫，一种是生活的调味品。然而，我们一直在追求不一样的部分，就像钻石，无论外界发生怎样的变化，它的内在结构依然能保持稳定。

我们做不到"能"保持稳定，但我们能做的是"要"保持稳定。

“做事要专心”，是大人从小就告诉我们的事，只是，专心太难，我们很难做到。

专心意味着只做能一件事，意味着要舍弃其他，你必须要有所放弃。年轻的时候，我们都遇到过爱情，只是结婚后，就不那么爱了。生活让你分了心，孩子让你分了心，不是爱情不可靠，是我们的不专注让爱情没了质量。我们一直以为，还生活在一起就是爱着的，就是用实际行动证明，彼此还是那么重要。可是，只有自己知道，那颗心早就没有动过了。

专注于生活，生活能提升质量；专注于孩子，孩子会越来越优秀；专注于爱情，他才能一直是对的人……

朋友反对我的想法：“我们为了生活和孩子疲于奔命，已经够累了，现在还要为了他费心，不是让自己更累吗？”

人的一生，精力、时间、能量都是有限的，我们只能用有限的时间尽量拉长生命的长度。我们做的事情越多，就越分心，每一件事只能浅尝辄止，草草结束。想提升生命的质量和长度，只能越来越专注，只有专注才能让你手上的时间变得有质量。不是多了爱情生活会更累，而是有了爱情生活才会更加幸福美满。

所以，每次朋友说有了爱情会累的时候，我就会反问她：“每天一潭死水的生活，才是最累的。明知道明天的生活还是如此，为什么不改变？你与他不是在凑合地过日子，而是要彼此努力，让每一天都过得越来越好。”

我们因为爱情才相遇，在遇到他的那一刻，整个世界都亮了。在爱里，我们幸福、开心、感动，为什么后来就没有了？

因为它后来退出了你生命的舞台，你不再重视它，你开始专注生活，专注日常，专注琐碎，于是，生活也变成了一地鸡毛。

我们的生活，原本应该在幸福开心的基础上，不断增加砝码，让日子越来越好，可是，我们对于爱情的忽视，就像推倒了好不容易搭建的积木，重新来过。爱情是幸福的基石，没有它，无论你多么有钱，有多么优秀的孩子，有多么成功的事业，总觉得少了些生活。但你有了爱情，在这个基础上，你收获得越多，你才越能感受到人生沉甸甸的。

我对婚姻的保鲜，没有什么好的方法，就是专注于爱情本身，它是我的基石，它不存在了，一切生活也就不存在了。罗伯特·安德森说：“在任何一桩婚姻中，只要结婚超过一个星期，就已经开始有了离婚的理由。技巧是如何去发现，并且持续去发现，结婚的理由。”你看，活得幸福的人，总能找到诸多方法。

爱情，是我生命里的钻石。在我的生命里，有家人、朋友、茶、书、工作……无论这些多么重要，钻石的价值，依然不会被忽视。

同样是人，各有千秋；同样的碳，也有钻石与石墨之分。如果想让生活变得更有质量和价值，我们还应该学习它的排列顺序。如果你的排列顺序是孩子、生活、老公、工作，那么你的一生大概只能忙忙碌碌，活成石墨一样的普通物质；如果你的排列顺序是教育、爱情、生活、事业，那么你的人生又会是另外一番风景。

像钻石一样，整个人生都闪亮了。

檀香素珠，一切只为更简单

每隔两三天，朋友便在微信中向我哭诉："没有钱，怎么办啊？"在她看来，赚钱是这个世界上最难的事，不管怎么攒，就是不够用。

朋友生活在三四线城市，工资每个月四五千元，稿费每个月有两三千元，加上老公的工资，每个月至少有一万五千元入账。在那座城市，她俨然已是地道的中产阶级，比多数人生活得都好，可她依然觉得钱不够用。

朋友不是一个爱乱花钱的人，平时吃穿戴玩更是不讲究，可是，她喜欢买房子。她有两套房产，一套自己住，另一套闲置着。如今，她想换一个更大的房子，可是当下这两套房产又不想卖掉。面对着日益增长的房价，她的工资就显得渺小了。

为了那两套房产，她和老公吃穿能省则省，好容易还完贷款，日子也轻松了，她又想购置第三套房子了。

她说："难道我不该再换个大一点儿的房子吗？人人都住一百平方米的房子，我还挤在七八十平方米的房子里，我很委屈。"

朋友对于房子的渴求，让我想到了另一位朋友，确切地说，是我的同事。

同事三十五岁，是一个北漂。他是我的领导，对我们下属要求既严格又宽容。在工作上，他一丝不苟，出了错绝不饶恕。在生活上，凡事只要求助于他，他绝无二话。就算在生活中偶尔闹点不愉快，他也绝对不会把这种情绪带到工作中，所以，他既是我们的领导，也是我们的好朋友。

身为一个男人，到了三十五岁的年纪，理应购车购房，给女人一个安稳的家。可是，他现在什么都没有。身边那些为他着想的朋友劝他买车买房，不管怎样，总要活得像个样子。

朋友一直喜欢手串，家里藏有各种木头，这虽然花去了他不少费用，但对于天价的房子来说，不过是九牛一毛，算不得什么。

朋友劝他，一开始他只是笑笑不说话，后来劝他的人越来越多，他才摸着自己的檀香手串说："做人，简单点。目标可以有，动力可以有，得到了就享受，得不到没必要去强求。人嘛，做一块有用的木头就够了。"

我并不太懂朋友的话，也不懂他的简单，更不懂他的有用。离开那家公司后，我开始全职写作，最开始常常几个月没有收入，生活的压力接踵而来，总是压得我喘不过气。

我每天很苦恼，抱怨赚钱难，钱不够用。如果朋友觉得钱不够用，是因为要买房子，那么我是真的不够用，没有收入就无法应付生活。

那时，我压力大到常常彻夜难眠，为了让自己睡个好觉，尝试用香入睡。朋友用他的檀香原木给我做了一串檀香珠子，他说，把它放在床头，至少能平心静气。

第一天拿到珠子的时候，味道特别大，整间屋子满是檀香的香气。我就这样伴着檀香串睡了一觉，那夜睡得安稳，安稳到第二天也无法醒来。

我不知道檀香是不是过于安神了，只知道自己头晕目眩，难受得无法下床。先生说我"中了毒"，把檀香串拿到了别的房间，看一下身体是否会好起来。

最难受的几个小时里，我动弹不得，所以也无法写作，只能在大脑里做“保健操”。我这时才发现，焦虑让我难以写作，无法写作导致生活不如意，生活的不如意，才有了躺在床上的这一刻。

我一直在问，是我自己想要的太多了吗？不是的，不管我想要的多不多，那一大段大脑里的“保健操”都无法改变任何现状。因为我想要的，不一定就能得到。我无法控制结果，唯一能控制的就是好好地去努力，让自己尽量不焦虑，至于结果，努力了，做好了，就够了。

从那时起，我尽量让目标变得简单。当然，这并不是指生活简单，更不是指从此不再努力，而是把该做的工作做完，这就是最好的目标。

我那位抱怨钱不够用的朋友，她已经尽力了，就算抱怨又能怎样呢？不过是给自己徒增烦恼。当我劝她想开点时，她气呼呼地说：“你永远都不会懂。”

李叔同说：“修正错误的行为谓之修行。”欲望的错误，人们永远不觉得是错误，也是最不愿意改正的错误。

不管我们愿不愿意改，人一生下来，不是为了成为一个买房子的机器，也不是为了成为一个完成目标的机器，更不是为了在琐碎的时光中，把自己打磨成一介老妇。我们最终的目的只有一个，就是成长心力。从一个混沌无明的状态，进入调伏清明的状态，最终再回到混沌天然的状态。唯有此番心力的增长，才能让我们窥见人生本来的样子，找到生活的意义。

当我开始放下焦虑，用最平和的心态写作，文章才逐渐有了一点点样子。等我开始有收入，我不再什么都写，第一次有了选择，我在选择中，懂了朋友所说的“做一块有用的木头”的意思了。

当你做有用的事，有价值的时候，你才能产生自我认同；当你有用，被需要，你才能在这样的价值里找到自信。

尼采说：“当一个人知道自己为什么而活，就可以接受任何一种生活。”

朋友知道自己为了简单而活，为了有用而活，所以他不再焦虑房子、车子等外在的物质生活。尽力但不逼自己，多简单；有用有价值，得不到也不焦虑，多简单。

后来，我感谢檀香让我“中毒”的早晨，没有那天的卧床反思，我大概永远不会明白我的人生该怎样走下去。

某个周末，和朋友相约去南锣鼓巷。出了地铁站有点儿愣，方向感不好的我，不知南锣鼓巷在附近的哪条街道。

我走到报亭，问看报纸的叔叔："叔叔您好，能告诉我南锣鼓巷怎么走吗？"

他放下报纸，一抬眼看到了我的檀香手串，他眼睛一亮，摘下老花镜："是檀香啊！"

抬头看我，是一位年纪不大的小姑娘，叔叔又说："你一个小姑娘，竟然到了喜欢檀香的年纪。"

我笑了，不知该如何接他的话。

他指了指前面一条路，告诉我穿过马路就是南锣鼓巷，我对叔叔表达了感谢。走到半路，叔叔突然又叫住了我："小姑娘，你还是要懂得努力呀！"

我用力地点了点头，向叔叔挥手："谢谢叔叔，我们有缘再见！"

转过头，我的大脑里一直无法忘记他手上的檀香珠串，以及他的"你还是要懂得努力呀"！简单容易，放下容易，在简单和放下后，还能努力就难了。

可是，难才能提升心力，才能一步步窥见人生的样子啊！

不如亲手做刺绣

小的时候，我最喜欢刺绣。

不仅喜欢绣出来的衣服、手绢等，还喜欢自己亲自绣。我想，每个人的童年都被电视剧影响过，学白素贞戴头纱；学小龙女睡在长绳上；学孙悟空打白骨精……

这些我都学过，不过，终究都是游戏，玩完也就过去了。对我影响最深的是电视剧里的大家闺秀，我看她们绣花抚琴，写诗下棋，着实十分羡慕。那时，家境不富裕，没有围棋，没有琴，父母也无钱买诗词书画图本，除了有大小不一的碎布给我幻想，再也没有别的了。

一针一线一块布，就是一个小世界。我不会绣，绣得乱七八糟，也没有各式各样的彩色线，就用白线绣在白色的布上，一样满心欢喜。

妈妈看到我如此执着于刺绣，开始帮我画图样，也给我买了彩线，为了让我绣得平整，用一条硬铁丝盘了一个圆圈，把布绷在圆圈上当绣绷，从此开启了我“专业刺绣”的生涯。

姥姥是一个心灵手巧的人，能绣会画。妈妈小的时候，见过姥姥刺绣，她凭借着她小时候的所见所闻，教着一无所知的我。我就像接受了刺绣的传承，承袭着姥姥的技法、技巧、精神。我是一个特别执着的人，一个东西学不会，会一直苦心钻研，甚至能达到废寝忘食的地步。可我同时也是一个做事有头无尾的人，我更注重是否学得会，而不是把它完成。等我学会了刺绣的技艺后，我不管自己绣得是否优秀，也不管有没有绣完，反正就是放弃了。

从此之后，我偶尔也会拿起针线，却再也不愿意做刺绣。后来，开始流行十字绣，我虽然也绣了几个小图样，但相比在白布上做刺绣的针法，十字绣到底是太简单了。没多久，我对十字绣失去了兴趣，更不愿意拿起针和线了。

近些年，我喜欢上了茶，常常关注关于茶的器具用品。然后，我再一次遇到了刺绣。这时我才知道，原来，蜡染棉布的手绣茶席很流行，也很昂贵。包包、胸针、衣服……无一没有手工刺绣。这些女子把大把的光阴交给一针一线一布，绣制着属于自己的创意与时光。

她们靠刺绣为生，为客户定制各式各样的产品。有时我很羡慕她们，如果我在刺绣里坚持到今天，大概也不会成为一个写字的人吧。

不过我知道，一切都是我选择的，我无怨无悔。只是，某个不写作的午后，我开始拿起针和线，试着做关于刺绣的休闲娱乐。我想要亲手绣茶席、绣胸章、绣布帘，绣一切可以绣制的小玩意儿。

很多人说，做这些无用功，不如去读一本书。

身为一个写作者，读书不是选做功课，是一个必做功课。把一两个小时的午后时光交给刺绣，对于有些人来说，确实浪费时间。在今天，人们都在追求有用的东西，跟时间赛跑，试图让自己获得更多的信息和知识。可是，获取的多，也未必会有更大的提升。一些同行的作者朋友常常跟我抱怨，为什么我写不出来？我已经看了那么多书，为什么还是写不出一篇文章？

我想，答案就在这一针一线里。

当你的手一针一针地把线缝到布上，这种简单重复的劳动给大脑创造了一个休息的空间。事实上，它又没有真正地获得休息，思绪依然在。只是借助手，你不能去忙别的，才能在手忙碌的期间思考你无法解释的问题。

你有多长时间没有进行过深度思考了？我们遇到问题就去网上搜索，以为这能节省我们的时间，其实也让我们的大脑变得越来越简单。那些极其表面、不经思考的答案，终究不是来自你。当你进入深度思考，一个个问题才更愿意自己找到答案。

那一个个答案的获得，就是我的文章。有时，我不需要每天绞尽脑汁地去想到底要写什么，只要静下来，很多思绪自然就会理清，文章的主题自会出现。假如，我不把一段时光交给刺绣，那么我一定不会有这样的感受，很可能像朋友一样抓瞎，苦恼于写不出文章来吧。

当你的心越不受外界干扰，你越能平静，不同的感受也就越多。

去年夏天，北京下了一场大雨，刚刚吃过晚饭，突然停了电。四面望去，一片漆黑，对面的楼房也是黑乎乎地矗立在那儿。

只听得见雨声和楼底下人们打着伞询问停电原因的声音。先生打电话问相关部门，才知道雨太大，有一段线路断了，为了不给居民带来不便，他们承诺尽快抢修。

家里漆黑一片，总要照明，我们拿出两根酥油蜡点上，那点点烛光，照得屋内暗黄，几乎什么也看不清。

手机使用了一天，即将没电，不能再玩手机。灯光昏暗，读书的话眼睛也成问题。正不知如何是好，我突然跟先生说：“我们写字吧。”

有一段时间，我和先生吃完晚饭，每天都会写一会儿毛笔字。后来，因为工作更忙了，便没有坚持下来。

那天晚上，我们拿出久违的毛笔，蘸上墨，在昏黄的烛光下写字。我自己的视线极差，几乎看不清要写的字，对于笔蘸了多少墨，手更是感觉不到，只能放到眼前去判断，墨是不是掭得太饱。

先生说：“没电了，才发现原来人类的夜视能力下降了。记得小时候，常常没电，点上煤油灯，也觉得视力清晰。我们点了两根酥油蜡，却什么也看不清。”

眼睛的能力变弱，一切就只能靠手的感觉。说实话，写字大半年，那天晚上是写得最认真的一次。因为看不见，只能尽量收紧呼吸，用手去感受字的质感、线条的强弱、毛笔的弹性。先生一边写，一边说：“原来毛笔不是软的，是有弹性的……原来自己的呼吸是可以听到的……”

我们常常感叹古人的成就，切莫说古人多努力，我们连这样专注一刻的时间也没有啊！若不是停电，我大概永远不会知道，自己可以认真、专注到什么程度。

心法、思想、情感……在那一刻全来了，这比读几百本书还受用。这很像我小时候学习刺绣，一绣就是一下午。为了学好技法，也是一针一线，绣得十分认真、专注，不允许任何人来打扰。

我们学一样东西，关注更多的是成效。绣得好不好看，字临得像不像，为了“好”，为了“像”，我们费尽心思，一边写书法，一边琢磨，搞得字没有写好，心理上还受了累。寻求手艺中的安静与安稳，不是从此就不再要求结果，而是做之前思考清楚，接下来要怎样写，哪部分需要改正，等自己真正投入到手艺中时，就尽情享受。写完以后，再花心思去修正、学习、琢磨，才能既修身养性，又提升技艺。

林曦在《只生欢喜不生愁》里写道：“人生变幻，总需要一样事物得以依止，可居可游。到达庄子的世界，艺可通道，可通达，可证悟。”

借由艺去通道，去证悟，去观照内心的变化，去深度思考，才是我们学习技艺的主要目的，而结果，则是另外一种收获。我十分赞同《冥想》中作者表达的观念：冥想技术的练习和冥想本身是截然不同的两件事。

冥想技巧，并非冥想本身。外在的瑜伽，可以通过制戒、内制、体式、调息和制感来完成，但内在的瑜伽，是通过这些外在瑜伽达到的状态。

换句话说，无论刺绣还是写书法，都是外在技术练习，最终是为了完成修性本身。那些方法、技巧的提升和完成，是为了让我们的内心在技术的不断提升中，感受内心的变化，最终达到心手合一。

与其焦虑不知所措，不如低头去做刺绣，一针一线里，都是方法和智慧。

滋养自己的，才是最好的

自从开始写作后，每天大量的时间不是看书，就是写东西，逛街的次数减少了。北京如此之大，西单、王府井，去的次数更是有限。平常去得最多的就是附近的商场、超市，周末的时候，购置些日常用品，已经算是逛街了。

我喜欢金银首饰，每次去商场，总要在首饰区转一转。我记得搬家后，第一次去附近的商场，走到某大品牌珠宝商柜台前，服务员第一时间把我领到了 K 金区。

造型各异、活灵活现的饰品确实赏心悦目，走在街上常见到人们所佩戴的，也是彩金居多。不过，我对彩金兴趣不大，因为相比黄金，彩金更重手艺，保值部分却不如黄金。服务员见我频繁问黄金的价格有点不耐烦，一直说："黄金可贵多了，这一条链子就要几千元。"

怪不得她不愿意带我去黄金区，原来是觉得我很穷，不会购买昂贵的黄金首饰。而一两千元的彩金，价格不高，造型也好看，反复推荐下，说不定她就有了销售业绩。

我确实不会每个月都购买几千元的首饰，但如果我只能购买一两千元的首饰时，我仍然不会选择彩金，而是会选一枚小戒指，或者一颗小金珠，再或者一个小金坠子。对于我来说，能滋养我的，能保值的，才是最好的。

我认识一位朋友，她是首饰控，每个月将近一半的收入买了首饰。对于她来说，生活差一点儿没什么，吃得差一点儿也没什么，但每个月必须给自己一个小物件。

一开始，我觉得她花钱太多，把一半的金钱放到这些"无用"的东西上去，以后生活有了意外怎么办，难道要变卖首饰吗？

她说，如果人生到了变卖首饰的地步，那就放弃吧，不要再做无谓的挣扎，顺其自然听天由命，就是最好的选择。

我说，难道钱不就是用来救命和生活的吗？

她说，钱是用来生活和救命的不假，可是人生重大的意外，多少钱也救不了命不是吗？最多是用钱来维持生命的长度，我认为这样的生命才最没有意义。而首饰，无论何时都能保值，虽然不一定能立刻变现，但这终究是我留给孩子的一笔财富。

朋友日积月累，花六位数成本攒下的首饰，如今已值上百万元，那确实是一笔不小的财富。她的儿子还小，等她传给孙子的时候，价值几何已不可估量了。

现在，朋友已经不再花钱买首饰，对于她来说，她攒下的已经够多了。除非遇到值得收藏的好货，或者超值的货才会收入囊中。

几个月前，我无意中看到这样一个故事：

两口子吵架，闹得不可开交，女人一气之下想甩门离去，婆婆看到她真生气了，把她拉回了房间，说有东西要给她。

女人在卧室等着，看到婆婆从柜子里拿出一个首饰盒，她打开来看，原来是一只翡翠手镯。婆婆说："一九九几年的时候，家里不算富裕，咬牙花几千元买下了它，一直舍不得戴。你是我的好儿媳，今天我把她送给你，你不要跟我儿子一般见识，妈妈跟你道歉。"

女人见到手镯立刻不气了，开心地把这只镯子晒到网上让人估价。

那是一只飘阳绿的玻璃种翡翠手镯，几位做翡翠的商家，给她估计最少价值中六价（行内话，指最少 50 万元），还有的估值到百万元。

看完这个故事，我一下子明白了朋友的想法，一个家族，一个家庭，总要有什么东西传承下去。当子孙后代打开那百宝箱，看到金银珠宝，立刻会得到一种精神上的喜悦与饱足感。无论何时，他们都有一种底气，认为自己是一个富贵的人。

早年间，许多家庭并不富有，奶奶的一枚金戒指，姥姥的一只玉镯子，可能并不值钱，但终归带着上一个世纪的故事，传到了下一个世纪。重要的并不是它是否值钱，而是它带着某种意义与温度，我们拿着它的时候，它似历史般厚重，是当下任何一个新首饰都不能比的。

就我自己而言，我并不希望人生留下些什么。雁过无痕、归彼大荒，一个人的痕迹终究会随着时间而消失，只是长短的问题。我们在人世走一遭，唯一能做的就是好好体验过程，我之所以也会爱上首饰，完全是因为它能滋养我，顺便带来更大的价值。

一只翡翠镯子，一块白玉挂件，抑或玛瑙，都能随着你的佩戴，让它变得温润，发生变化。它好似在与你对话，同时你们也在彼此磨合，最终你们互相滋养，成为最好的知己。你见证什么，它亦陪同一起见证；你哭了、笑了，它都知道，点点滴滴积累，最终会变成属于你的样子的老玉。

朋友是一位普通的打工者，有两个可爱的女儿。她养家辛苦，工资要养生活，养着给她带孩子的妈妈。她没有首饰，也不敢花钱买首饰，对于她来说，一切只能先解决温饱。

看她每天为了生活忙碌，我有点儿心疼。无论生活多么艰难，女人总要对自己好一点儿。更何况，她还有两个女儿，她的生活状态很容易影响自己的孩子。

我劝她，尽管生活很辛苦，每一年还是能攒下一笔买首饰的钱，哪怕是一只银镯子呢，都是一种精神上的补偿。

没多久，朋友发来几只银镯的款式，问我哪个更好看。她花了两百多元给自己买下第一件首饰，为此开心了很久。

当她在工作上坚持不下去的时候，她看到自己手腕上的银镯，就觉得要再坚持一下。如果再努力一点，她就能换来购买另外一件首饰的好心情。她说："有了这只银镯子，我才知道女人原来要对自己好。每次我想到这儿的时候，就觉得特别开心。"

今年，她给自己买了一枚金戒指。结婚时，她什么也没有，现在，她要为自己买一枚右手戒指，这是她对自己最好的奖励。

她说："我要为我自己攒下一笔买金手镯的钱，我要更努力。"

事实上，自从有了第一只手镯，她的生活发生了很大的变化。她更自信了，也更努力了，收入也在稳步增加。

真好，她没有沉溺于物质，而是为了滋养自己，让自己变得越来越好。我想，等她老了以后，会给孙女讲述这一路走来的故事吧。虽然是从一只不值钱的银镯子开始，可这也是一段沉甸甸的人生啊！

老银啊，我愿意把余生的时光都给你

十几岁的时候，我向妈妈抱怨，为什么姥姥什么也没留下，哪怕留下一只银镯子也是好的呀！

妈妈说，姥爷生于书香门第，年轻时在外做生意，家中古董字画老物件多得很。无奈后来历史变迁，终究成了没落家族。姥姥也不是没有留下东西，只是妈妈姊妹多，这些东西到不了她的手里。

在别人家里，我见过一些老物件，老农村不比城市，落后又贫穷，为了生计，那些老物件都卖掉了。后来，乡下妇女的手腕上再没见过什么首饰。家境好的，戴上一枚银或金的戒指，就已是中上等生活水平了。

在首饰里，我经常惦记着银。之前，我不知道为什么，后来才知道，因为贫穷。贫穷限制了一个女生的想象力，她不敢想金，想翠，想钻石，只能幻想拥有一只最为朴素的银手镯。

比我大六岁的朋友从小生活在城市，有一次讲到了我童年时的生活，她难以置信地说："我比你大很多岁，听你讲故事，怎么好像你的年纪比我还要大。"

五分钱一包糖豆，两分钱一块泡泡糖，五分钱一根冰棍……没有作文书，没有买来的新衣服，没有肉，只有干瘪空洞的眼睛。未来的生活是什么？就是大人嘴里的一天又一天，他们说活着没意思，不知道这样的日子什么时候是个头儿。在那样的环境下，有一只银物件可不就是梦想啊！

根深蒂固的思想一直影响着我，长大后，总是期望自己有一只银镯子。等我走到商场，看一只又一只镯子的时候，发现它们都不对。小时候，见到的银，要么是手工打制，要么是家族传承，这种审美也是根深蒂固的。而商场的柜台里陈列的各式新品，都太新了，太亮了，带着机械制品的死气。我不爱它们，一点也不爱，于是我赌气，宁可不要，也不买那商品气的东西。

一个偶然的机会，见到一只别人戴过的翡翠手镯。那只手镯料子不错，有一半达到了冰种等级，因为价格实惠，我很想把它买下来。

我找先生商量，先生说："你想要镯子我给你买，但是我不希望你购买别人戴过的，你可以买新的自己去养它。"

一瞬间，我觉得我错了。每个时代有每个时代的样子，在今天，万物已被批量生产化，我不能去改变，唯一能做的就是去接受。不仅如此，还要学会顺势而为，去享受它，在享受中获得一份快乐。

我不再纠结，当即买了银镯子回来。它不够老，我就自己养，它太亮，我就靠时光去打磨。一两年后，它最终褪去了那层贼光，慢慢地有了质感，它像我了，有了我喜欢的模样。这一两年里，我买了一些较贵的手串，也买了克数更重一点的银手镯，但我买来的第一只从未摘下过。

而那些手串，大部分被丢到了箱子里，封锁了起来。有些东西，非时间不可，想要什么，就用时间来换。当它陪我的时间越久，它就越像一个老朋友，再贵的东西，都比不上这段情谊。其实，这种执着的态度，分明是骨子里的倔强，因为不想戴别人戴过的老银镯，又不想要新镯子，那么就只能亲自去养。

我在与它较真儿，也在与它玩儿。

我常常讲，生活要快乐，其实人最大的快乐就是玩儿。我不喜欢辛苦地生活，辛苦地工作，但是我可以用玩儿的态度去生活，去工作。

就像我不喜欢新的银镯子，那么就用玩儿的心态喜欢它。

一个不会玩儿的人，生活总会有点无聊。我知道很多人想说，我们是成年人，早已不是孩子，又怎么能常常玩儿呢？

谁说玩儿就一定是孩子的专属？我们的成长，为什么总是不断推倒重来，爱情在婚姻里被推倒了，玩儿在成人的那一刻也被推倒了。

然而，与爱情一样，我更喜欢建立的方式。我想的，不是与不喜欢的事变得对立，而是找到好玩的入口，让那些枯燥的事变得有意思。

我也做过不喜欢的工作，可是我喜欢学习，那我就在工作中尽量多学些专业知识；我喜欢写作不假，可写作也有不喜欢的部分，像命题作文，为了生活不得不写的题材，都是让人不开心的部分。那么，我就要更加认真地写，把它当成一次提升，好让自己在喜欢的题材里发挥得更好；也会遇到不喜欢喝的茶，可是已花钱买回家，又能怎么办。我不能改变茶的口感，那么我就把它当成教材，每一次喝它时都努力地给它找更多的缺点，看自己在喝茶上有没有提升……

俗话说，一个人先爱自己，别人才能来爱你。就像你先有了一碗水，才能把它分享给别人。也像我，玩儿得多了，才能把这些乐趣分享给更多的人。

你的娱乐高级，生活才能高级。比起物质，审美带给人们的满足感比物质本身要高得多。与其说我们在用力地生活、工作，不如说我们一直在用力提升审美、心力、玩儿的能力。

在《精要主义：如何应对拥挤不堪的工作与生活》这本书中写道：“如果你不能自己安排生活的优先次序，就只能任由别人替你安排。”

同样，如果你不能跟生活玩儿，就只能让生活玩儿你。与其被动接受，不如主动出击。主动去学习，主动提升审美，主动改变看世界的角度，找到玩儿的乐趣和方法。

你看，同样是一只镯子，不同的人角度也有着天壤之别。有的人把它当成饰品，有的人把它当成保值的货币，有的人把它当成励志的入口，还有的人把它当成了自己人生的见证。

不管怎样，我愿意把余生的时光都留给这只银镯子。它是一个故事，是一段心路历程，是我后半段人生的见证者……

它并不廉价，是无价。

朋友知道我喜欢银，送给我一把银梳子。它做工精致，装饰了流苏，它的样子好像只能放到收纳盒里去珍藏。

先生说，只能看，不能用，朋友真是白花钱。

我说，不，梳子就是用来用的。

一个物品，只有与你有了关系，它才产生了价值，不然物是物，你是你。像这银梳子，从此就伴我梳头了。

一直梳到满头白发，它就有了银般的光泽。

把玩小件：它包浆了，我就长大了

菩提根，总会染上时光的颜色

在朋友圈里，我看到了一张照片，照片上有一条红色的被时光浸染了颜色的手串。它圆圆的，每颗珠子上像是有一只眼睛，我见了，不认识它的材质，却又喜欢它的质感，就把这张照片丢给了先生。

我问他："这是什么材质的手串？"

他看了看说："像是菩提，是菩提根吧。"

随后，我去搜索菩提根的样子，那是一个奶白、干净、素雅的珠子。经过把玩儿，最终会开片变成暗红色，也很好看，但却不是照片上的料子。

我又把这张照片丢给一位朋友，他看了看说："这是凤眼。"我去搜索关于凤眼的图片，经过对比，那的确是一串凤眼。

等我终于确定凤眼的材质后，松了一口气，像是完成了一项任务，对它的爱，也没有最初那么强烈了。相反，先生无意中说出的菩提根却走进了我的心里。我喜欢它白白净净的样子，也喜欢它把玩后开片氧化的样子。

菩提根，并不是菩提的树根，而是一种叫作贝叶棕的种子，属于菩提子的一种。在市面上，它常常和白玉菩提混淆在一起，其实两者有很大不同。普提根贝叶棕的种子，多年开花结果，以缅甸料为佳。白玉菩提并非油棕的种子，年年开花结果，属于较为常见的种类。我们日常生活中，经常见到的菩提子多是星月菩提和金刚菩提，而菩提根是后起之秀。它温润如玉，雅静洁白，开片后非常漂亮。

没多久，我收了一条菩提根手串。它很廉价，只要你喜欢，几乎可以不假思索地买下。只是，任何一条手串都要养，而它又白白净净的，如果盘不好，就会被养得脏兮兮。出于对它的爱，我把它放到了盒子里，希望将来有一天可以偶尔拿出来玩一玩。

这一放，就放了大半年，等我再把它找出来的时候，发现有些珠子已微微发黄。我知道，许多手串会随着时间而发生变化，只是我没有想到，原来它也会。它的这点变化，让我对它更加喜爱了，尽管我不一定亲手去把玩，但是时光总能在它身上留下痕迹。

它会变成一串老珠，它会变得越来越有味道，像我们身边那些最为常见的并不富裕但心地善良的朋友。

在交友上，我们往往喜欢那些富贵并能帮助我们的人，以为成为朋友，人生也就有了靠山。可是，人性使然，那些富贵的人同样也希望结交更加富贵的人。

多年前，我初到北京，和我先生寄居在一位朋友家里。他是我们共同的好友，是一个富贵的人。

与他相识，并不是有意高攀，而是阴差阳错地日久见人心。他是我的一位网友，得知我销售电子产品，常常从我的店里拿货。十几年前，网络还没有这么普及，网友意味着风险。我与他相识没几天，他打了全款要购买一部手机，这种信任吓到了我。为了不辜负他的信任，我为他挑选最好的手机，在测试功能时，更是心细如丝，生怕出一点错。

有了第一次交易，也就有了第二次，因为对彼此的信任，才成了最好的朋友。

他原本是一个“富二代”，去公司实习和我先生成了同事，他为人低调，没有向人透露自己领导家属的身份。在一大堆同事里，许多人贬低他这个实习生，脏活累活更是交给他去干。我先生不高攀富贵的领导，也不贬低新来的实习生，见他常常受人欺负，给了他很大的帮助，然后他们成了最好的朋友。

他这个实习生，没几个月成了公司的领导，那些欺负他的人一下子蔫儿了，开始拍他的马屁。只是，那些虚伪的人心他早已看透，再好的马屁也只能拍到马蹄子上。

为了项目，当然要结交权高位重的人，朋友在那些人面前，又何尝不得嘴甜卖乖呢。不管叔叔叫得多亲切，请吃多少山珍海味，一切不过是为了利益，终究不能称之为朋友。

朋友是需要底色的，这与王权富贵无关，与人品有关。不管他在外面多么的虚情假意，等到好朋友面前，永远都会有一份真诚的牵挂。

有时我常常不理解，为什么他要在我们这种“穷人”身上浪费时间，难道他不该把更多的时间放到有利用价值的人身上吗？

朋友说：“这个世界上，可以利用的人太多太多，但是能真诚相待的朋友却没有几个。”后来，我也遇到过“官二代”朋友，她也说了同样的话。

他们确实想结交更富贵的人，但是他们更想有真正的朋友。难就难在，一些人总想靠着他们上位，让他们不得不防，不得不看低一些人，与他们保持距离。

有一次，我和先生参加宴席，身边坐了一位有钱有势的人。我们这样无权无势的人自然不入他的法眼，而我们也无心高攀，只管安心自在地做好自己。

席间，有一位和我们一样普通的人，见到这样的大人物，起了高攀的心，不是敬酒，就是送礼，还承诺下次他请客。

这位大人物微笑着，对他的阿谀奉承保持着基本的礼数，不承诺，不应事，只管吃吃喝喝。宴席散场后，我和先生松了一口气，尽管我们不想奉承谁，但那位普通人的马屁也让我们俩感觉到了累。

回家的路上，我们一边走一边聊天，我问："你觉得，他最后能靠着这位大人物办成事吗？"

先生说："那就看他的礼是否能送到人家心里去了。"

我想了想说："他的阿谀奉承，我们这种普通人都看到了假，这见惯了世面的大人物难道会看不出来吗？"

先生说："看得出来又怎样，反正人情世故就是如此，彼此达到自己的目的就可以了。"我想了想，觉得先生说得也对，想要拓宽人生的道路，总要做些讨好别人的事。只是我知道，这个人永远不可能与他高攀的人成为好朋友，永远得不到这位大人物真正的帮助。因为只有好朋友，才能换来真心。

有时候，不是社会太现实，是自己本来就很现实，却还要怪别人原罪太多。我们给自己戴了一层又一层的面具，以为别人不知道，却不知别人早把我们当成了跳梁小丑。当我们每天向朋友炫耀自己认识谁谁谁时，那谁谁谁又何尝不是在嘲笑只懂得阿谀奉承的我们呢？

人往高处走，水往低处流，一个人想往上走没有错，但也请拿出真心来。真诚一点，不会失去什么，让人看到你善良的底色也不会错失什么。善良不等于不懂自保，也不等于傻傻的，而是知道这是做人的根本。

如果一个人从底子里已经坏掉了，谁又愿意与这样的人接触呢？这就像一个定时炸弹，谁知道他哪一天会爆炸，又会炸伤谁呢？但是，当你拿出底色的时候，别人才愿意相信你，至少你不会伤害他。

你在自保，别人也在自保啊，本来谁也不比谁聪明多少。

如今交朋友，更喜欢宁缺毋滥。因为你不知道交错一个朋友，要付出多少代价，花多少时间。与其浪费在没必要的事情上，不如好好地与人保持距离，察言观色，只交值得交往的人。

我们一生离不开朋友，与那些需要高攀的富贵人相比，我更愿意接触简单的人。他可能没什么钱，只做着一份简单朴实的工作，但却比常人多一份真诚与善良。遇到困难时，他们可能不会帮助到我，但一句真诚的问候，比什么都温暖。

这样的朋友会在我最绝望的时候告诉我，人间自有真情在。

因此，我愿意把菩提根比作朋友，它时时地提醒着我，人品比什么都重要。不管时光如何改变一个人的容颜，如何改变菩提根的颜色，我都知道，它的底色纯白温润，这就够了。

接下来，我要再次购买一些菩提根，不为把玩，只为让它随着时光慢慢变老。有一天，倘若遇到了知心的好朋友，就把这珠子赠送给他，并真诚地告诉他：

我们是朋友，是不离不弃的好朋友。

盘一对不能吃的核桃

不知道从什么时候开始，就玩上了核桃。我对核桃的印象，起初只停留在吃上，直到见到了不能吃的核桃，才知道原来核桃还可以玩儿。

人们最开始玩核桃，是为了强身健体，用它来代替保健球。揉核桃能延缓机体衰老，对心脑血管疾病和中风有很大的预防作用。本来是一件保健的事，慢慢地变成了文玩核桃。人们关注核桃，更多的是它的价值，一对纹理深刻清晰、品相相似、大小一致，重量相当的核桃，早已超出了核桃价值本身。如果经过多年把玩，再盘成老红色就更显得珍贵了。

曾经见过一个视频，那是一对不知道盘了多少年的老核桃，两只核桃在把玩时，发出碰撞的声音像两个玉石相撞发出的声音一样清脆响亮。有了“老物件”作标本，对于核桃就更加喜爱了，总是期望自己的核桃也能变得越来越老，越来越好。

文玩核桃起源于汉隋，流行于唐宋，盛行于明清。古往今来，上至帝王将相，下至平民百姓，无一不为有一对玲珑剔透的核桃而自豪。到了清末，手里有一对好核桃成了身价和品位的象征。当时京城曾有过这样的传言：“贝勒手上有三宝，扳指、核桃、笼中鸟。”每逢皇上或皇后诞辰，大臣们也会将自己精挑细选的核桃作为祝寿的贺礼，可见核桃早已不是核桃这样简单。

在今天，文玩核桃仍然很流行。下午的公园里，你细心观察，总能看到几位大叔、大爷，一边揉着核桃，一边聊天或下象棋。当核桃成为男人的爱好品，身为女人，对核桃怎么也爱不起来。

我不知道先生什么时候手里有了核桃。他玩得不专心、不专业，核桃品相也不好，所以也就没有注意。直到有一天，他的领导送了一对好核桃，我才发现核桃的好来。

那是一对狮子头，纹理清晰，配对完美，很压手，核桃放到手里就觉得什么都对了，这时，我才爱上了核桃，对它爱不释手。看书、看电影、喝茶的时候，也常常盘那对核桃。

先生玩品相不好的核桃时，走到哪里都玩，自从有了这对好核桃，他就舍不得了。因为，核桃皮虽然坚硬，但有时掉到地上，就会摔坏边角，导致好好的一对核桃废掉了。当然，可以再为另外一只好的核桃配对，但终究不比起初配的好了。

后来，他又得了一对不错的核桃，不过没有这对狮子头好，于是，他在外面玩那对不错核桃，回到家里再盘狮子头。终于有一天，意外还是发生了，那对品相稍差的核桃掉到了地上，被摔下来一块，这对核桃才算彻底废掉了。

我说："你不是说可以配对吗？不如再去找一只差不多的。"

先生说："太难了，要年头一样长，大小一样，纹理类似，去很多市场上专门配才能配得上。"这样一听，我也觉得很麻烦，于是，那对核桃从此彻底被冷落了，再也没有盘过它。

我曾经和先生讲过三毛的故事，先生十分感动，甚至还问过我，他如果先去，我会不会像三毛那样痴情。我的答案是不会。后来，我跟他说，如果我先去，希望你再找一位伴侣时，他拒绝了我。

他说："我不希望再找一位伴侣，这太吓人，太痛苦了。在别人看来，这很可能是另外一种幸福和新鲜感，但在我看来，以后的岁月里只有天长地久的磨合，一粥一饭的磨合。我的人生和生活习惯，早就已经定性和定型，如果再为另外一个人而改变，这难道不是一种痛苦吗？”

我说：“可是，有了另外一半也就有了照顾你的人，应该是一种幸福。想要获得就总要有所取舍。”

先生表情略带恐惧地摇了摇头，不再说话。

我想，三毛也是如此吧。荷西去世后，身边有无数位男士追求她，她甚至与王洛宾成为“忘年交”，可是，她的那半核桃没了，无论她怎么努力，都很难再找到那只与自己相配的核桃。

我们总以为，婚姻可以有很多次选择的机会，这个人不合适，我们就离婚选择下一个。于是，离婚率越来越高，人们在婚姻里生活得也越来越不幸福。

其实，婚姻就像核桃，刚刚完成配对，并不那么合适，少不了磕磕碰碰，长时间的磨合，但最终，你们终会在你退我进中彼此成长，彼此成全。其实，在我看来，那些性格不合，没有共同语言，并不是婚姻里的大问题，因为每个人都不同，我们不能以自己的眼光要求别人和我们步调一致。

我和先生是截然不同的两个人。他性格内向，我性格外向；他沉默寡言，我滔滔不绝；他朴实安静，我热烈奔放……无论从哪方面看，我们都应该是爱吵架的夫妻，可事实上，我们很少吵架。

孔子曰：“君子和而不同。”

我们本来就不一样，为什么要彼此一致？他有他的想法，我有我的看法，彼此欣赏，就好了啊！我再渴望浪漫，也不会向他要浪漫，而是会欣赏他的安静与朴实；我再渴望有人能与我对谈，也不会期望他变成一个滔滔不绝的人。

我不会想着改变他，他也不会想着改变我，我们各自安好，彼此成全。如果一定要有什么是相同的，那就是对于生活的热爱，对于婚姻的价值观，对于做人的准则，这些必须相同。这就像核桃的大小与框架，如果这些不一样，那么我们就不是彼此匹配的核桃，不管纹路多么相似，都不可能成功配对。

常常见到有人问：“我们性格不合适能在一起吗？”

性格不合适，真的是问题吗？如果自己的眼睛盯在性格上，盯在细枝末节上，大方向一定会出问题。而那些越是希望性格相同的人，越容易情路不顺。在婚姻里，我们要做到的并非委屈地去包容，而是“和”，“和了”，就没有委屈了，也无须包容了。

因此，与其与一个又一个核桃凑合、尝试，不如安安静静地等待属于自己的核桃。如果能够遇到有缘人，等多久都值得，如果此生注定等不来那个人，也不要将就凑合。当然，比等更重要的是，自己也要众里寻他千百度，让自己走出去，去结交更多的朋友。

不过，这与尝试、凑合并不同。一种是亲身体验，一种是做一个观察者，就像我们为核桃配对时，也需要去观察、去对比、去琢磨，它们到底合适不合适。

不轻易选择，不轻易放弃，这是对自己的人生负责，也是对对的人负责。

假如，我的阳台可以种葫芦

看到葫芦，就觉得它很中国风，就像“福禄寿”，那么喜庆，那么热闹，那么红红火火。小时候，家里每年都要种葫芦，一方面因为它爬藤，不占什么地方，另一方面，它能吃，是不错的一道菜。除此之外，那些长老的葫芦，还可以成为家里的装饰品。到了冬天，亲戚朋友来访送几只葫芦，家里过年也都有了生气。

等我渐渐长大，那葫芦却长得越发小了。儿时，它那么大一只，要双手抱在胸前，等我长到二十几岁，葫芦却小得只放在指间就行。我不知道什么时候开始流行玩葫芦的，只知道自从来到城市，它就在天桥上了。

葫芦太过常见，即使它变小了，我对它也不是那么有兴趣。后来，认识了先生，每次从天桥路过，他总要蹲下来翻一翻地摊上的葫芦，我才一起跟着玩起了葫芦。

手捻小葫芦也分品相，普通的几元一只，贵的当然就无法定价了。一般来讲，4 ~ 6 厘米高度的葫芦是一般普通的文玩葫芦；3 ~ 5 厘米的为精品葫芦。除了要小之外，它的外形、龙头的完整度、去皮是否完美，是否有疤，这些因素都影响着葫芦的价格。

与菩提根类似，葫芦经过把玩，或者经过时间的氧化，最终会变色，变成红色。与菩提根不一样的是，它不会开片。当一只葫芦被盘成红色后，它的价值也发生了变化，不再是几元或几十元，而成为一件值得收藏的物品。

除了手捻葫芦外，大葫芦也有着独特的价值，它经过针刻或刀刻，成为一件件艺术品，走进千家万户，是家中独特的装饰品。

我不知道自己有过多少小葫芦了，只记得一只玩了两三年的葫芦，有一次掉到了地上，还没来得及捡起来，却让家中养的狗抢了先，于是，那两三年的心血毁于一旦。狗的牙齿哪里是咬在了葫芦上，简直咬在了我的心上啊！

没多久，同事送了我一只葫芦，个子挺大，包了浆，挂了瓷，尽管底部挖了洞（想拿出种子来，自己种葫芦），但却深得我心。那葫芦一直放在床上，偶尔拿起来把玩几下，如今很多年过去了，已变成橙黄色，像一枚泛着光的葫芦瓷器。

不知不觉，喜欢葫芦的人已经不满足于玩葫芦了，开始家家户户种葫芦。前几年，我所居住的小区，每家的一楼都有一大片空地，住户把那片空地圈起来，自己种上了青菜和葫芦。每次遛弯的时候，看到了葫芦藤，先生就会停下来一一查看。看那葫芦开花没，结果没，长大没。等好不容易到了秋收的时候，看到那品相好的葫芦又会眼馋，他也开始渴望自己也能种一棵葫芦，结出满意的果实。

来年，他打碎了一只小葫芦，把葫芦里的种子倒出来，又跟菜市场的商贩要了一只泡沫箱子，挖了土，然后在阳台上种起了葫芦。

那葫芦是陈年老葫芦，我认为不可能长出苗来，先生却执意地种，只好任由他去。一连好几天，先生浇水、施肥、松土，又拨开泥土看种子，种子都没动静。他不甘心，再种。在他坚持不懈的努力下，还真种活了一棵，他看到它长了苗，发了芽，每天都开心得跟个孩子似的。

那段时间，他一下班就冲到阳台上，先给葫芦浇水、松土，然后静静地凝视着它。那阳台晒了一天，到了傍晚也热得难受，可他宁可热出一身汗，也不愿回屋。若不是叫他吃饭，他不知道还要在阳台上待多久，反正就像入了定一般。

在先生细心呵护下，那棵葫芦很快就要爬藤了，他一边吃饭，一边向我报告葫芦的长势，因为他知道，我从来不关心葫芦长成什么样子。

周末的时候，先生因种种原因要回老家，我有写作任务，没有与他一同回去。临行前，他忘记告诉我葫芦要浇水，等他回来，那棵苗已奄奄一息，快要干死了。先生为此特别生气，对我抱怨了好几天。那几天他一直在想办法救它，最终还是没能救活。打那儿之后，先生再也不去阳台，一下子失去了活力，变成了一个闷闷的人。

那棵小苗的死对他的打击很大,有相当长一段时间他都沉默不语。我深知自己罪孽深重，哄着他说：“来年再种，今年就当吸取经验教训了。”

先生失去了心头好，有点一蹶不振：“以后再说吧，我不想种了。”现在，三年过去了，先生再也没有提过种葫芦的事。

写作是一件很熬人的事，若不是整日忙自己的工作，我也不会让那葫芦干涸而死。等我忙了大半年以后，灵感、素材，全部用光，我进入了瓶颈期，再也写不出一个字。我如同那奄奄一息的小苗，在等着老天的垂怜，希望有一天能满血复活。

我以为自己要死了，在这条死胡同里再也走不出来，我像无头的苍蝇一样四处乱撞，读书、喝茶、旅行、散步，可是，这些都不能解救我。

《易经》里有阳极必阴，阴极必阳之说。在我想要放弃的时候，突然灵光乍现，好像如有神助般地满血复活了。后来，我再遇到写作瓶颈时，就不断地告诉自己，总有那么一刻，我会阴极转阳。

我并不是容易坚持的人，与之相反，我事事最常做的是放弃，唯独写作这件事坚持了下来。我一直以为，自己是那株小苗，只不过我最终活了下来。它是一株植物，无法掌握自己的命运，倘若它是一个人，它会不会活下来呢？

我想，也未必吧。世间多少人总是轻言放弃，在写作这条路上，一百个人一起往前冲，且不要说冲到终点的人，许多人在刚刚开始的时候就已经放弃了。先生爱护着小苗，呵护着小苗，他明知道每年坚持种，总能收获属于自己的果实，可是他放弃了。如同那株小苗，当心死，什么都死了。

现在我觉得，我不是那株小苗，我是先生装在泡沫箱子里的土。虽然它块头不大，土壤也并不那么肥沃，但终究能够孕育生命，让每一个埋下的种子生根发芽。

心是什么？不就是能包容万物，孕育万物的东西吗。当它强大了，有了能量，世间一切就都小了。

古人常说宰相肚子里能撑船，意思指做人的度量要大，也要像大海，能包容世间万物。而我，更愿意比作一小块田，身为凡人，求不得大富贵，也做不到大宰相，能在自己的心田上，种桃种李种春风就够了。

三毛写过一首歌，名字叫《梦田》：

每个人心里一亩　一亩田
每个人心里一个　一个梦

一颗啊一颗种子
是我心里的一亩田

用它来种什么
用它来种什么

种桃种李种春风
开尽梨花春又来

那是我心里一亩　一亩田
那是我心里一个
不醒的梦

尽管我的心里有一亩田，有一个梦，也要像先生那样勤劳浇水、施肥、松土，唯有如此，我们种下的种子才能开花结果。

日本时装设计师山本耀司说："我从来不相信什么懒洋洋的自由；我向往的自由，是通过勤奋和努力实现的更广阔的人生，那样的自由才是珍贵的、有价值的。做一个自由又自律的人，靠势必实现的决心认真地活着。"

在我的心田上，努力是浇下的水，自律是施下的肥，认真是松过的土，我不急于求成，不急于开花结果，把这一切交给时间，只要心田还在，失败了又怎样。

那就再种下一棵呀！

玉包浆了，我就长大啦

在一个论坛上，看到一位网友说："玛瑙不要费尽心思地盘了，没有用，要九十年才能包浆，人生只有一个九十年，可惜的是，你等不到它包浆的那一天了。"

岂止玛瑙，新蜜蜡变成老蜜蜡，也需要上百年的时间；一饼茶变成地道的百年老茶，更是离不开百年这个时间段；一块新玉变成老玉，也非时间不可……

一位茶友，前几年开始喝茶，每次想到自己的茶不够老，就唉声叹气。百年的古董老茶，怕是只能在橱窗里看一看了，至于它的味道，通过书本看一下描述，就等于自己也"喝"了一泡。

这百年老茶友人虽然喝不上了，可是他希望子女能享用。为了孩子，他开始存茶，存了满满一屋。他说，这是留给孩子最好的财富。

与友人相反，我没有那么焦虑。百年老茶喝不喝，都没有关系，因为人生错过的事，又岂止这一件。只是，我一直以为自己可以陪玉石一起长大，看到玉石需要九十年才能包浆突然泄了气。原来，我死了，它也不会包浆，我都长那么大了，它为什么还是那么年轻？

茶会老，人会老，钻石、玉石仿佛被定格了，那时间的痕迹在它们身上总是不够明显。九十年，对于它们来说，刚刚包浆，正好是一个人的十八岁呀，一切才刚刚开始。可是，陈丹青老师也说，许多创造力和生命力都来自全息的十八岁。如果，我们跟着玉石一起成长，到老了也才刚刚十八岁，那人生不就年轻了很多，有了许多创造力吗？

有一位朋友，常常劝我穿得稳重点，三十几岁的人了，总是正红正蓝，让人看着特别不正经。

我向她讨教："三十几岁的人，应该穿成什么样子？"

她说："黑白灰最好，稳重，什么场合都合适，最重要的是，显气质。"

黑白灰三个字，一下子把我拉回了二十几岁的时候。那时，我总是高跟鞋、黑西装、白衬衣，或者黑色简约风衣，配上简单的黑色长裤，无论谁看到了，都是一个稳重的姑娘。

一个人之所以想要表现得稳重，是因为社会需要自己稳重。如果不稳重，如何能让四十多岁的客户信任自己？如何能去谈更多的客户？除此之外，年纪轻轻就给人稳重大气的印象，也能广受好评，让自己获得好人缘。

为了稳重大方，我拒绝红色，拒绝跳跃的颜色，更拒绝身上超过三种颜色。一切流行的、花哨的统统不要，只要好料子、好品质、经久不衰的经典款。我在关于品位的书里汲取着知识，渴望让自己再精致一些，我一直以为，这样就能精致我的人生。直到我的脚因为穿高跟鞋而变形，先生拒绝我再穿高跟鞋，我才知道自己的人生似乎扭曲了。

我一直在乎自己是否稳重，穿着是否得体，是否会显得更有品位……却忽略了，自己是不是真的喜欢这些衣服。因为书上说，它是对的，是保险的，所以我就选择了。我的大脑里被装了一个“书中”系统，眼睛看到的事物，只要不符合那些标准，脑袋里便自动删除了不合适的。我以为这就是我喜欢的，其实并不是。当我脱下高跟鞋，换上牛仔裤，才知道原来舒服比稳重更重要。

所谓的稳重，是给了展示给别人看，不管自己怎么对自己说，我不在乎别人的看法，衣服已经出卖了你，事实上，自己仍然在乎着别人的看法。

有一年过年回家，我反复思量后，还是选择了穿长袍。先生说，穿风衣吧，这长袍太特立独行了。在城市里，穿一件长袍不算特立独行的事，但是回到农村，仍然有点不伦不类。不管怎样，该来的总会来，如果别人一定要闲话一番，那就由他们去好了。

当我一袭长袍出现在老家人的面前，几乎每个人都要问我，这是什么衣服？为什么要穿这样的衣服？能不能像个正常人……

尽管很生气，但是仍然要保持微笑。这时我发现，我还是在意着别人的看法，如果真的不在意，又怎么会生气呢？可见，一个人想要活得自在点儿，真的是有点难。世界的运行规则，就像那些关于品位的书，在人们的大脑里自动安装了一套系统，只要符合大众观点和审美，一切都是对的。

世界的游戏规则是，结婚要有房子、有婚戒；结婚后，要生孩子，要活成一种亲情的态度；在工作中，要现实点儿，要精明点儿，不然就会吃亏；在生活上，要务实，要柴米油盐酱醋茶……这些“系统”是自然而然的，人们几乎不经大脑，就会做出这样的选择。在这样系统的运行下，人们以为这就是对的，就是自己想要的，其实都只不过是在讨好着全世界。

人们也有自己想要的东西，只不过知道这就像那件“长袍”，选择听从自己，就要受人指责，就要承担一切风险。没有房子，结婚后住哪里？没有孩子，老了怎么办？工作不圆滑点儿，生存不下去怎么办……

是的，很难办，顺应游戏规则，就无法顺应自己的心；顺应自己的心，就要承担巨大的风险……没人愿意承担风险，所以许多人明知道应该怎样，却还是愿意生活得更安全。选择安全没什么，如果一个人能看明白，想明白，这样的选择也很好，是另外一种顺应本心。

可怕就可怕在，许多人很迷茫。明知道这样不对，却又不知道该如何去选择。

友人三十岁，月入两万元，他常常找不到目标，不知道活着为了什么。早些年，他一直想有一套房子，辛苦努力很多年，仍然赶不上房价的上涨。他还没有结婚，不知道要寻找什么样的伴侣，想了想又说，有点儿眼缘就可以了。

我说：“这不是你想要的。”

他说：“还能怎样，到了这样的年纪，就要买房结婚。”

我问他：“你的人生有没有要到达的一个地方？有没有什么目标？”

他说："没有。我常常不知道，这样努力为了什么？我就算更拼命，依然有人比我过得好。我就算不努力，也不会比普通人过得差。可是我还在努力，我也不知道为了什么。"

当外界有一个条条框框圈住我们人生的时候，很多事就不再受自己控制。我们被大势一路推搡着，马不停蹄地奔向终点。不管你愿不愿意，总有人推你一把，不是你没有方向，而是别人把你推到了别处，你再也看不到方向。

有时候我常常想，如果人生像玉石一样，九十年才长大该多好，我们可以任性，可以犯错，可以不用考虑所谓的现实。可是，朋友说，人生有责任，不可以胡来。

其实，我觉得朋友把做自己和做人混淆了。我们常常以为，做自己，就等于抛弃一切；好好遵守规则，就等于好好做人。

南怀瑾先生对人生的阐述是："佛为心，道为骨，儒为表，大度看世界；技在手，能在身，思在脑，从容过生活。"

我们虽然很难达到南师的境界，不过他的"佛为心，道为骨，儒为表"，还是不难理解的。做自己的时候，就回归本心，跳出游戏规则，多去观照自己的想法；走到人群中，就好好地做人，把该履行的责任认真地做完。

两者其实并不冲突，就像你的内心能做到凡事不执着，不等于不能享受当下的生活；你在自己的世界里好好地做自己，打磨自己的技艺，穿喜欢的衣服，过喜欢的人生，不等于自己是一个不孝顺的人。

现在，走到正式场合，还是会让自己尽量严肃，走到生活中，我才不在乎别人怎样看。只是我知道，那样的严肃不再是一种讨好，而是做人的基本礼貌。

其实，这个世界本没有规则，最大的规则是自己的心。你可以把这些条条框框看成一种修行处理的方式，也可以打破、打碎、重组，让它们获得新生。

我曾见过一组照片，照片上的人物是一位八十岁的老奶奶。她身材如同少女，把银白的头发剪了齐刘海儿，扎了马尾。她穿时装，戴时尚珠宝，享受三十岁女人该有的状态。她的神情泰然自若，在露天咖啡馆喝咖啡、读书，享受每一个闲散的午后时光。

她一点儿也没有普通老奶奶的样子，她活成了自己想要的模样。她像一块玉石，温润、价值非凡，人到八十岁，也才刚刚有了包浆的样子。

不要给自己的人生设限，你明明还有创造力，无论何时，都能创造出属于自己的人生。

玛瑙，不要在灵魂的园子里栽种荆棘

许多人一旦进入文玩圈，就容易越买越贵。几年之后，再回头看自己曾经买下的心头好，就会觉得全是“垃圾”。

我对于文玩，属于还没有入圈级别的，因为我还没有越买越贵，我喜欢什么，就买下什么，当然是越便宜越好。俗话说，人比人该死，货比货得扔。好货当然养眼，可是，收入有限，入门级的玩一玩，也没什么不好。

在玉石里，要说哪种最便宜，当属玛瑙了。和田玉这三个字，看到字就觉得贵；翡翠不仅水深，好货也不是常人可以玩得起的。唯独玛瑙，既便宜又好看，而且温润细腻，如果不考虑价值，只考虑像玉一样的质感，玛瑙一定是首选。

当然，玛瑙也有贵的，比如南红，就是市面上相对昂贵的珠宝了，从百十余元到上万元不等，一串不错的南红珠子，也要几千元。

红玛瑙、绿玛瑙、黄玛瑙、玉髓、水草玛瑙等，都是较为廉价的玛瑙。盐源玛瑙、紫绿玛瑙、戈壁玛瑙、战国红玛瑙等，相对贵一些，即使贵，也不过几十元到几百元不等。如果你不喜欢玛瑙，只想买价格不是很高的玉石，那黄龙玉，和田玉系列的青花玉、俄料碧玉等，都是不错的选择。

有一段时间，经常关注手工服装，然后就看到，许多手工衣服上的纽扣，选用的全是玛瑙珠，我这才对玛瑙上了心。因为相比塑料纽扣、金属纽扣，玛瑙纽扣更有质感和温度。于是，我有了一种把衣服上的纽扣换成玛瑙珠的冲动，靠着这股冲动，买了一些玛瑙手串和饰品。

只是，这些东西一点点买回来以后，我完全没有了换纽扣的冲动，它们成了我手上的首饰，平常就戴在手腕上养着。因为它较为廉价，一点也不担心磕碰，戴着就更舒服自然了。半年后，我突然发现，那珠子更润、更有灵性了，我就更舍不得把它们变成纽扣了。

先生有几条不错的手串，但他并不经常戴，跟我一样，他爱上了玛瑙，常常戴着一串紫绿玛瑙。紫绿玛瑙天性温润，惹人喜爱，我对这个料子也十分喜爱。因为紫绿玛瑙价格不高，不受人重视，许多人并不认得。后来，有人见到先生的手串，看到它的润泽和气质，都以为是很贵的玉石。

玛瑙包浆需要九十年，我们可能看不到它包浆的样子，但一定能看得到它的成长。每个人戴的玉石都不同，有着自己的灵性。有一次，我看到了一只料子不错的翡翠手镯，先生却不同意我购买别人戴过的。就是因为玉有灵性，当它认定一位主人后，遇到下一个主人要磨合很久。

这似乎有点玄学的成分，但用科学也能解释得通。每个人气场不同，生活习惯不同，一个玉石常常跟你的气场磨合，久了自然就会与你的气息融为一体。就像我们生活中，一对夫妻会越来越有夫妻相，两个人吃在一起，住在一起，有相同的感觉也不足为奇。难的不是像，不是手串有了你的气息，也不是最初相处时的磕磕碰碰，而是，我们每个人都不是一张白纸，不是玛瑙新料里制作出来的新镯子，而是一只别人戴过的手镯。这就像我们每一个人，在原来的家庭、教育、生活中，早就有了自己的脾气秉性和性格，这更为两个人的相处增加了难度。

据说，戴过的手镯，如果不认可新主人，很容易发生破损或毁坏。你看，这多像人啊！不适合，就分道扬镳，宁为玉碎不为瓦全。一只镯子或一颗珠子，不喜欢可以丢弃，一个人不喜欢，可以不交往，这都没什么。只是，有时候，不小心镯子或珠子伤了你，你会不会生气，会不会一直记得？人生在世，也是如此，没有那么多一帆风顺，总会遇到伤害我们的人，提及就痛到无法呼吸的人。

一位朋友忧伤地说："十年了，我还没有忘记初恋。他在那段感情里爱上我，又抛弃我，我至今恨他。"

另一位朋友说："我对他提供了那么多帮助，他却忘恩负义，这样的人简直是小人，我要记着他一辈子。"

还有一位朋友说："他伤害了我，我凭什么要他好过，我要跟他斗争一辈子。"

……

一辈子，明明是自己的一辈子，却生生被讨厌的人占满了整个生命。一个人伤害我们一次并不可怕，可怕的是一辈子一直在被这个人折磨着。王尔德说："为了自己，我必须饶恕你。一个人，不能永远在胸中养着一条毒蛇；不能夜夜起身，在灵魂的园子里栽种荆棘。"

其实，我觉得被别人戴过的手串和手镯挺好的，它们洁身自好，带着自己的小任性，遇到合不来的主人，就这样干脆地分道扬镳。它不能选择遇到谁，但可以选择与谁做朋友，放弃谁。它不会让你一次又一次伤害它，而是简单干脆不跟你玩儿了。

表面上来看，它牺牲了自己，只是，玉知道自己的价值，即使碎了，它还是它。所以，饶恕一个人，就等于饶恕了自己。

朋友问我："你没有难以忘记的前男友吗？"

我说："没有。爱过，珍惜过，缘分尽了，就散了。伤过我的，我伤害过的，都是一段经历，没什么不好。我祝福他们，他们幸福才是我最大的期望。"

放下一个人怎样，放不下一个人又怎样，人总要去完成自己的使命。未来的路充满未知与坎坷，哪里顾得上过去的事，未来的事已经够难以应付了。因此，轻装上阵，才能好好地迎接明天。

在我的心灵庄园里，当然也会滋生出荆棘，只是，长了草就要拔出，长了小花就要呵护。心灵这片庄园，与打理土地没什么区别，想要庄稼好，就不要让杂草盖过禾苗。学会除草，不是一天就能学会的功课，也不能一天就完全除干净，它常除常长，没关系，我们就常长常除，直到有一天，禾苗壮大，再不受荆棘影响，那些荆棘就再也不能伤害我们了。

石头里的小深情

第一次去格尔木吸引我的不是风景，而是脚底下一块又一块的石头。

很多年前，先生是格尔木项目部的负责人，因工作需要，我们去了格尔木这座城市。格尔木盛产玉石，普通的石头里都像含着玉。我第一次见到它们，简直美极了，它们有的色泽艳丽，有的温润如玉，还有的斑斑点点，好似艺术品。

我们下了火车，打车来到存放设备的库房。库房前面有一大片石子，他们在那边谈项目，我就蹲在大片石子里捡石头。

先生的同事看到我在地上忙活，跟我说："我第一次来的时候，也觉得格尔木的石头很好看。可是，住久了就发现，这里好看的石头太多了，慢慢地你就挑花眼啦！”

那天，我捡了很多很多好看的小石头，若不是地域限制，真想把这一大片石头子搬回家。随着在格尔木的时间越来越长，那些好看的石头也见怪不怪了。不过，我只要出门，还是会捡几块更好看的石头带回家。在我看来，重要的不是收获了石头本身，而是在拾拾捡捡中，觉得很好玩儿。

离开了格尔木，回到家乡，又来到北京，石头一下子变得不多见了。若不是在街头偶尔遇到一块小石子，几乎忘记了还有石头的存在。

前两年，租住的小区附近新建了一个公园。每天下午，我都会去公园里走一走，只觉得环境优美，风景不错。

在格尔木的时候，先生一直反对我捡石头，因为他知道这东西太沉，捡得越多，回家就越是负担。来到北京以后，我无石一轻身，他却开始捡起了石头。每次去公园，他喜欢低头走路，看有没有适合装饰鱼缸的石头。我说：“你买点雨花石不是更好？”

先生说：“买来的跟自己捡来的能一样吗？”

我不说话了，任由他去，只要他高兴。后来，先生在水族馆买了鳌虾，小小的虾不足一厘米，我一直以为养不活。先生对喜欢的事情十分专心，晚上下了班，他就拿着一个手电筒看鱼缸里和虾和鱼，能看两三个小时。

在他精心养护下，鳌虾越来越大，慢慢对鱼缸里的鱼构成了威胁，只好把它们分开来养。鳌虾胆小，喜欢藏在角落里，当它越长越大，就需要一个有安全感的地方，鳌虾还没有小窝，先生每天都在想用什么材质给它们造个窝。

就那么偶然地，他又捡了石头，一块十多斤的普通石头。先生把石头搬回家，一边清洗，一边跟我讲，他打算如何把石头凿下去一块，给虾安家。

就这样，家里的大块石头越来越多，每一块都被他经心改造过。虾子在他安置的小窝里生活得很幸福，既能在水下藏身，又能爬出水面晒太阳。

某个深夜读《浮生六记》，看到了芸娘和沈复关于石头的故事：

有一天，沈复和芸娘去扫墓，捡了一块石头回来，想用这些石头做一个漂亮的假盆景。两个人花了好长时间商量，怎么才能把这个盆景做得更漂亮。他们一边计划，一边陶醉于幻想中，好像在山水间规划着自己的生活。哪里可以修亭子，哪里可以登高望远，哪里可以钓鱼，哪里可以居住……

他们在石头上种了红色的茑萝，在铺了河泥的地方种了白苹。到了秋天时，茑萝一片红，白苹一片白，很有意境。

某一天，一只小猫不小心打碎了这个假山，他们就伤心地哭了。

在遇到这个故事之前，我们见过由山石布置的景观，不过那些石头非常大，也需要流动的水和一个大水池。我和先生虽然喜欢，终究当下的生活难以布置出那样的场景。我们一直以为，等老了，等自己有了一个庭院才可以，读完沈复和芸娘的故事后，才觉得其实哪里都可以这样玩儿。

为了把安置虾的这块石头布置得好看，我们查了很多资料，也看了很多水族馆的布置样本，但终究觉得少了些生活气。我们更喜欢石头天然的样子，让它有自己的味道，后来先生见河就摸水草，遇到苔藓就要挖回家。有一次，他在山里见到了铁线蕨，挖回来一大堆，我们全部种下，可惜都没养活。我们虽然没有像沈复和芸娘一样为此而哭，但却着实伤心了一番。

今年春天，写作十分不顺利，我每天焦灼难安，先生想带我出去散散心，可我一点也没有出去玩儿的心思。他劝了我很久，终于在一个下雨天，我决定不再闷在家里，而是要出去看看雨。

先生问我："你想去哪里？"

我没有目标："哪里都好，只要不在家里。"

他想了想说，那就顺着一条路开下去吧。车子开到半路，他突然想到冬天时，去过一个小河边，那里的景色十分优美，很适合压力大的我放松。

我们的车子进了山，在朦胧的烟雨中，一路向深山开去。一个半小时后，车子在一个小河边停了下来。在去时的路上，我早已陶醉在烟雨朦胧的景色中，来到小河边时，无论什么样的景色，都是美的了。

那里有很多石子，有苔藓，有野鸭……我打着伞，在河边漫步，先生不出所料地拔水草、挖苔藓、捡石头。

我久久地凝望着他，拿出手机给他拍下一张照片，照片里的他，宛如一个爱玩儿的少年。突然，他抬起头，看到雨中打伞的我，他站起身也拿出了手机。

相视一笑，原来我们不仅对景色有深情，对彼此也有。

因为石头，我们后来常常开车进山，去寻找不期而遇的小河，去偶遇一场从未见过的风景。当我们再一次来到小河边，哗啦啦流动的小河，把水下的石头打磨得光滑圆润。他从水里捡起一块石头，朝河里丢了过去，那石头并没立刻沉水，而是在水面上弹跳了几下，才扑通落水。

我被先生打水漂儿的技术惊到。他告诉我，小时候没有玩具，就是在河边一块一块地丢石头，慢慢就学会了打水漂儿。

我找了一块石头尝试，那石头一下也没飞起来，扑通就落水了。先生告诉我，打水漂儿的石头要扁，要有尖，丢出去时要旋转……

他似一个老师，教着我这个没有什么运动天赋的学生。笨笨的我，一点一点地跟着学，学得胳膊虽累心里却很开心。

突然，下起了雨，不在乎了，就尽情地跟着石头玩吧。一时间，我想起了一句话：

愿现世安稳，岁月静好。

时光雕刻你，你雕刻木头

我小的时候，有一段时间是在一堆木头里长大的。

爸爸是个木匠，每天都在敲敲打打、推刨子、锯木头……那时，我觉得特别无聊，也特别吵，但我对这样的生活毫无办法。

在我未出生以前，爸爸靠做家具为生，后来被电锯切断了手指，才放弃了做木匠。等我出生后，我们翻盖了新房子，爸爸为了更省钱，也为了家具更实用，才开始动手自己做。

许是被爸爸影响，我一直欣赏认真专注的男人。每当他们低下头来，眼睛里只盯着自己当下的事，我就觉得这样的男人十分有魅力。

爸爸老来得女，对我十分疼爱，总是悄无声息地给我许多惊喜。那时，村子里的小男生们喜欢打弹弓，爸爸看到了立刻找来树枝，凭借着木匠的功底，给我做了一个打磨得精细、如同买来的弹弓。那时我才几岁，家里没有适合我的板凳，爸爸就加班专门为我做了一个符合我身高的小板凳。不过，这些都不算什么，让我无法忘怀的是一副乒乓球拍。

在村子里，有一个专门打乒乓球的台子，还有专门打乒乓球的娱乐场所。不仅大人打，小孩子们也打，大人在台子上打，小孩子就拿一个乒乓球拍在墙上打，练习接球。

乒乓球拍在那个年代不是每个孩子都有，只有那些家庭条件好的孩子才有。他们为了让更多的小朋友陪他们玩，就会把拍子让出来，跟其他小朋友一起玩。我没有拍子，属于“其他”小朋友。

每天，我都要出去跟别人玩，但是孩子之间也有斗争，很可能因为你打得好或不好，就会引来其他孩子的嫉妒或讨厌，导致玩儿都不那么痛快。有一副专属于自己的乒乓球拍就成了一个梦想。

当我表达出自己的渴望，爸爸第二天就带我去了县城。几元钱的拍子，爸爸敲了敲，掂了掂，说这样的用不了多久就会坏；而好的，每一副都要几十元，爸爸舍不得，带着我回家了。

去县城，就等于即将拥有一副自己的拍子，回来，却一无所获。我在一天之内，感受到了希望与绝望，对于一个孩子来说，真的是太残忍。那段时间，我心情相当不好，每天都闷闷不乐。平常爸爸看到我心情不好都会哄我，那一次却没有，我只是觉得，他更忙碌了。

晚上十一点，有时他还不睡，不知道他在忙什么。

三天后的一个夜晚，我和妈妈坐在院子里纳凉，爸爸一个人在屋子里用砂纸磨着什么。妈妈喊爸爸出来乘凉，爸爸说什么也不肯。不一会儿，我听到了拍打乒乓球拍的声音。

爸爸从屋子里走出来，用手指弹着拍子，带着坏笑跟我说："呀，这东西是谁的呀！"

我眼前一亮，立刻从爸爸手里夺了拍子，左看右看，又把它握在手里，它舒服极了，简直像买的一样。

我很快投入到打乒乓球的游戏中，有相当长一段时间，这副拍子是我的心头好，也是我招揽小朋友的法宝。

那时，我不懂爸爸带我去看乒乓球拍子是为了什么，后来才知道，他是为了去研究那些商品拍子，让我感受到最好的，然后再送我一副最好的。那几天里，爸爸日夜加班，趁我睡着之后偷偷地做拍子，不为别的，只为给我一个大大的惊喜。

有些事，当时并不懂，非要等到多年后才能明白那份深情。

有了爸爸做样本，我常常觉得，无论一个男人从事什么样的职业，都该有一个能让他静心的手艺。这个手艺，可能并不能赚钱吃饭，但却能让他在生活中，多一份精神的寄托。我把这个想法告诉先生，他却不知道自己到底真正喜欢什么。做篆刻，他觉得没问题；做木工，他也觉得没问题；画画，他仍然觉得可以做……

他越是觉得什么都可以，越是不知道自己能做什么。

搬家后，新家没有书架，那些书突然不知道该放在哪里。我想在网上买个书架，先生却执意要给我做一个。他说，你相信我，我一定可以的。

我从来不反对他想做一件事，也从不质疑他能不能做好，因为我注重的不是结果，而是他在这个过程中是否享受，是否能获得经验。就这样，我们开始跑建材市场，选木头。先生自己用木头绑了一个锯子，开启了做书架的“大事业”。

这个“事业”确实很大，因为并非要做几个简单的小格子，而是一面墙似的大架子。从承重到隔断，再到稳定性，都要考虑到。

周末，我在家写作，他在客厅敲敲打打。只用了两个周末的时间，那个书架就完成了。书架做好的那天，先生一边挥汗，一边说：“做别的事情，我总是静不下心来。做这个书架，我特别安心，什么也不想了，也不想看手机了，就想沉浸在木头里。”

我之前想让他有一个供养精神的手艺，他一直找不到。在做书架的尝试中，他感受到了做木工的快乐。他说，书架是他送给我的第一件礼物，以后会更多。

听完先生的话，我想到了曾经看到过的一个故事。

男人和女人结婚后，两人一直很恩爱。男人送女人的第一件礼物，是他亲手制作的一个木制发簪。女人对那个发簪十分喜爱，把它当成了最好的宝贝。见女人如此开心，男人开启了“木匠”人生。

工作之余，他给她做一切好玩的小玩意儿。雕刻一幅画、做一只木碗、做一个木勺、打制一只镯子……

一件事，写到书里，人们会觉得是一种浪漫。但是在现实中，别人会觉得我们过得太过怪异。当我跟好朋友说，先生要送我一个书架时，许多朋友的第一反应是：“干吗要做，神经病啊，买一个才多少钱？”

“自己做得太丑，还是买一个吧！”

“人活着已经够累了，还要自己去做书架，赚钱不就是为了生活得越来越悠闲吗？”

……

确实，那个书架不如买来的好看，先生花了四天时间，累得腰酸背痛，可是只有我们知道，这书架里有什么。有先生做好一件事情的成就感，有他对我的爱，当然，还有我对他的鼓励与感动……

好看不好看不重要，累不累也不重要，如果人生只剩下赚钱和购物两件事，那我宁可让他累一点儿，宁愿要一个丑陋的书架。

嫂子刚刚生完孩子的时候，哥哥六天瘦了六斤。他在病房里一直照顾嫂子，困得眼睛都睁不开。嫂子出院后，哥哥不管多累，都要给嫂子亲手做手擀面。

哥哥第一次擀面，我站在一旁看，欢欢喜喜地说：“我也要吃一碗。”

哥哥拒绝了我：“这是给你嫂子做的，你不能吃。”

当时，我很委屈，觉得哥哥一定不是亲生的哥哥。爸爸听到了，把我拉到一旁说："哥哥不给你做，爸爸给你做。"随后，爸爸和面，给我做起了手擀面。

那时，我知道爸爸是爱我的；现在，我知道哥哥是爱嫂子的。当我嫁作人妇，才懂得了那是一种怎样的情感。这不是指亲人不重要，也不是感情上的取舍排名，而是在哥哥的生活里，这是他对生活和嫂子的一种深情。

那手擀面未必一定比买来的好吃，如果只追求速食与悠闲，生活也会变成毫无营养的"方便面"。

感谢爸爸，受他影响，我和哥哥才变成了一个有温度的人。借我之手，愿这温度可以传递给先生。不过，在书架里，他已经感受到了最大的乐趣。

时光让我们变老，我们让生活变好。